人工智能机器人精品课程系列丛书

(中级·上)

创意搭建

苏州大闹天宫机器人教育中心　编

苏州大学出版社
Soochow University Press

图书在版编目(CIP)数据

创意搭建：中级．上／苏州大闹天宫机器人教育中心编；孙承峰，张艳华主编．—苏州：苏州大学出版社，2020.4
（人工智能机器人精品课程系列丛书／孙立宁主编）
ISBN 978-7-5672-3132-0

Ⅰ．①创… Ⅱ．①苏… ②孙… ③张… Ⅲ．①智能机器人－程序设计 Ⅳ．①TP242.6

中国版本图书馆 CIP 数据核字(2020)第 052186 号

创意搭建(中级·上)
苏州大闹天宫机器人教育中心　编
责任编辑　张　凝

苏州大学出版社出版发行
(地址：苏州市十梓街 1 号　邮编：215006)
苏州工业园区美柯乐制版印务有限责任公司印装
(地址：苏州工业园区娄葑镇东兴路 7-1 号　邮编：215021)

开本 787 mm×1 092 mm　1/16　印张 5　字数 110 千
2020 年 4 月第 1 版　2020 年 4 月第 1 次印刷
ISBN 978-7-5672-3132-0　定价：49.90 元

若有印装错误，本社负责调换
苏州大学出版社营销部　电话：0512－67481020
苏州大学出版社网址　http://www.sudapress.com
苏州大学出版社邮箱　sdcbs@suda.edu.cn

编 委 会

总序

随着人工智能技术的不断发展，比尔·盖茨所预言的“智能机器人就像笔记本电脑一样进入千家万户”正在逐步成为现实。机器人与人工智能技术已成为全球化竞争的重要领域。

2017年，中国政府发布了《新一代人工智能发展规划》，提出加快人工智能高端人才培养，建设人工智能学科，发展智能教育。2018年，教育部提出了《高等学校人工智能创新行动计划》，从高等教育领域推动落实人工智能发展。与此同时，激发青少年一代对人工智能的学习兴趣，提升科技素养的基础教育也得到了社会普遍认同。

目前，以创意编程等为代表的青少年人工智能课程正成为学校教育和校外培训的“新宠”，但在这轮“人工智能教育热”背景下，我们必须清醒地认识到，人工智能本身是一个新兴学科，更是一个综合性学科，“编程”仅仅是人工智能技术的一个侧面，只有充分调动青少年的兴趣和潜能，从机械、电子、计算机等多学科基础能力锻炼入手，才能培养出真正适应人工智能时代发展的科技人才。

“工欲善其事，必先利其器”，为有效缓解因教育师资不足和专业教材缺失对中小学人工智能普及教育的制约，苏州大闹天宫机器人教育中心特别成立了“人工智能机器人精品课程”编委会，由机器人行业专家孙立宁教授担任主编，组织多名长期从事机器人教育的教授一同参与，精心编撰了这套“人工智能机器人精品课程系列丛书”。丛书紧贴当前国际领域青少年人工智能和机器人教育中的核心内容，将人工智能学习融入机器人拼搭、控制等内容中，并在此基础上结合现实生活应用的场景设置具体课程，针对不同年龄段学生的认知水平和理解能力，推出了初级、中级、高级三个不同阶段的教材。丛书图文并茂、深入浅出，讲解相关原理知识和解析操作方法，形成了一套完整的课程体系。

苏州大闹天宫机器人教育中心作为苏州大学学生校外实践基地、全国青少年电子信息科普创新教育基地、江苏省青少年特色科学工作室、苏州市科普教育基地，在多年的教育实践中不断探索和尝试，积累了丰富的经验，对青少年人工智能和机器人教育的本质、理念和人才培养需求等有着深刻理解。这套丛书通过案例与产品的结合，教会孩子们人工智能技术背后的逻辑和原理，进而让他们学会将人工智能技术更好地与生产、生活相结合。相信这套书籍的出版，不仅可以帮助学校教师练好“内功”，提升教学质量，而且也可成为家长和学生自我学习的工具。我相信这套丛书将能够为我国青少年机器人和人工智能教育做出奉献。

南京航空航天大学教授、中国科学院院士

2020 年 2 月

目录 CONTENTS

第一讲　刮水器

早晨，爸爸开车送闹闹去上学。路上突然下起了倾盆大雨，雨滴在挡风玻璃上越积越多，渐渐的就看不清前面的路了。这时，爸爸不慌不忙地打开了刮水器，瞬间玻璃就全部清晰了。闹闹感觉非常神奇，想让爸爸讲一讲刮水器的知识，爸爸就作了下面的介绍。

一、看一看

（一）什么是刮水器

刮水器，又称雨刷、雨刮器、水拨，是用来刮除附着于车辆挡风玻璃上的雨点及灰尘的设备。它可以改善能见度，增加行车安全。有的车辆的后车窗也装有雨刷。

（二）刮水器的历史

刮水器是美国阿拉巴马州一位名叫玛丽的女士发明的。1902 年的一天，玛丽前去参加一个商业活动，路上突遇大雨，司机看不清路，为躲避行人撞上了一棵树，玛丽当场受伤，被送进了医院。在医院里，她想，如果能在挡风玻璃上安装一个杆子操纵手绢，当雨天看不清道路的时候，让司机操纵杆子擦一下，不就可以了吗？于是，她发明了一个手动雨刷器，并装在自己的车上。后来，玛丽继续思考并改进这种装置，又发明了带发条的转杆。转杆上一次发条后，可以自动擦雨许多次。她就把这种擦雨装置命名为“刮水器”，并申请了发明专利，专利说明书中对这个装置的描述是“车窗清洁装置”。1919 年，威廉·福伯斯创立的克里夫兰公司发明了首个自动刮水器。1957 年，福特公司设计了一款可以让两个刮水平行工作的刮水系统，由此开启了现代常见的双刮水片模式。

如今，很多车型上已经配备了更为先进的刮水器，如感应式刮水器，它能够根据雨量的大小自动调节刮水摆动的速度；无骨刮水器，可利用一整根导力钢片条使刮水片各部分受力更均匀，以达到减少水痕、擦痕的效果等。

二、讲一讲

（一）刮水器的结构

刮水器主要由摇杆、连杆、曲柄等部分组成。

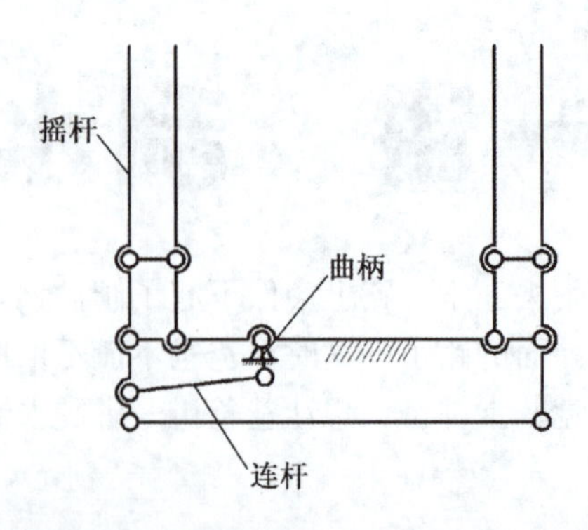

（二）刮水器的工作原理

刮水器由电机带动，通过连杆机构将电机的旋转运动转变为摇杆的往复运动，从而实现刮雨动作。一般情况下，打开电源即可让刮水器工作。通过选择高速档或者低速档，可以改变电机的电流大小，从而控制电机转速，调节刮水器工作时速度的快慢。

同学们，让我们自己动手，用积木制作一个刮水器吧！

三、做一做

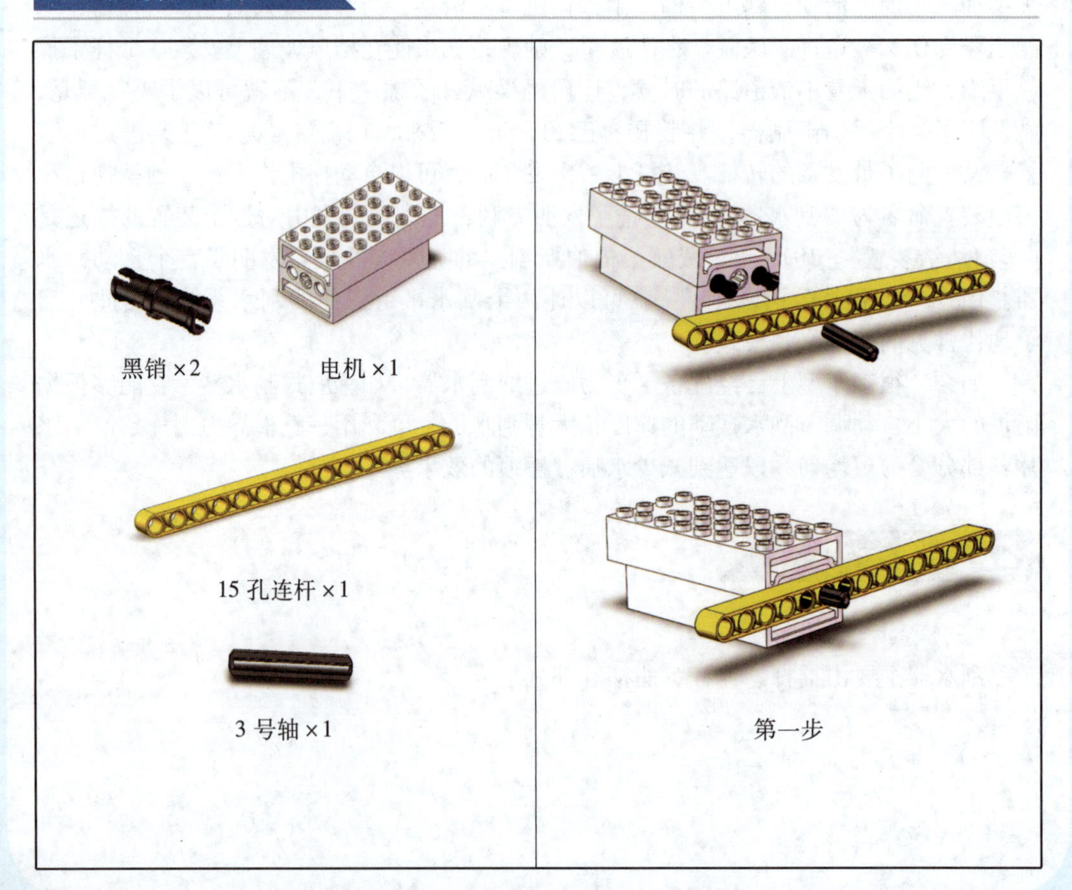

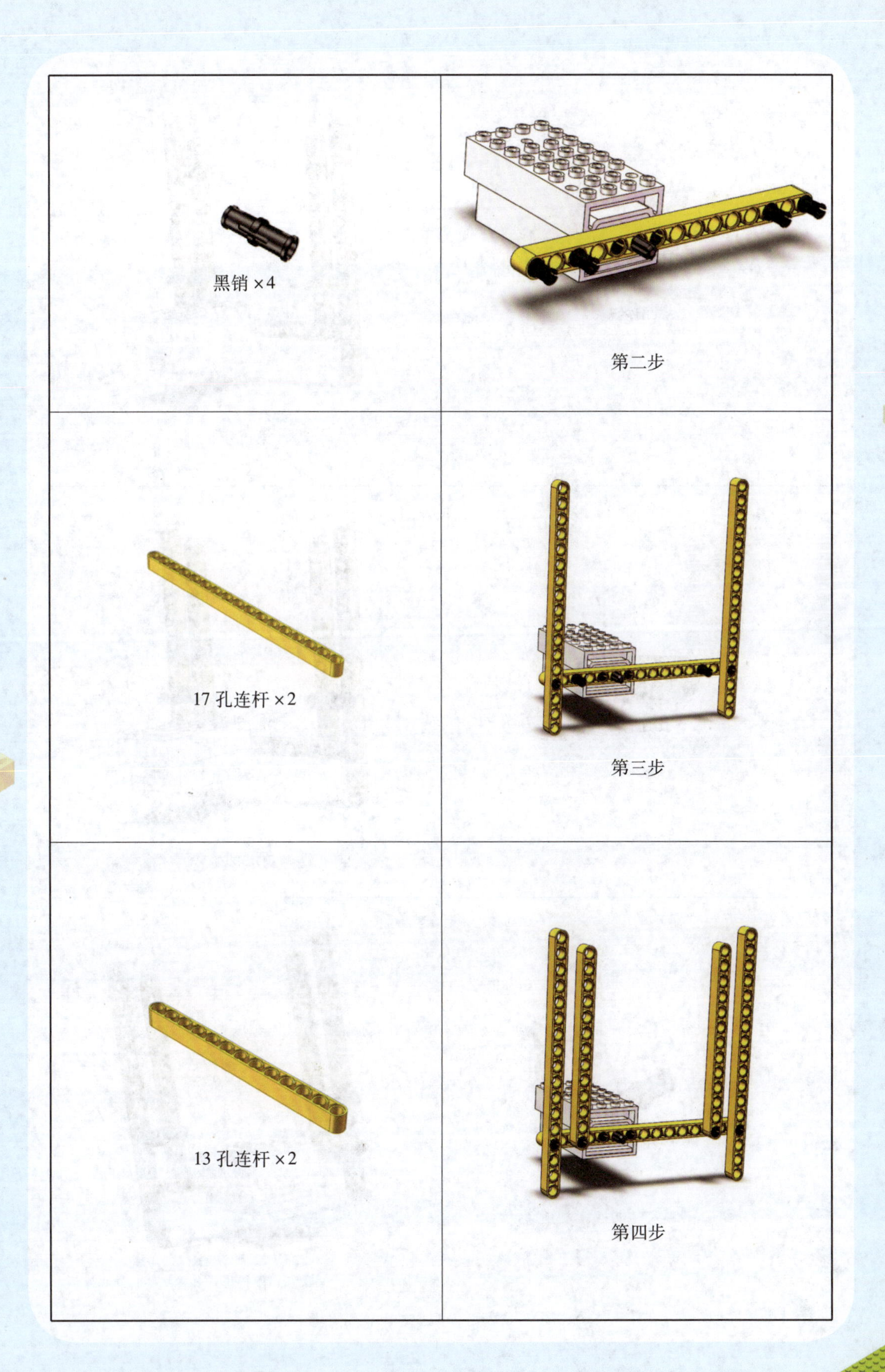
黑销 ×4
第二步
17 孔连杆 ×2
第三步
13 孔连杆 ×2
第四步

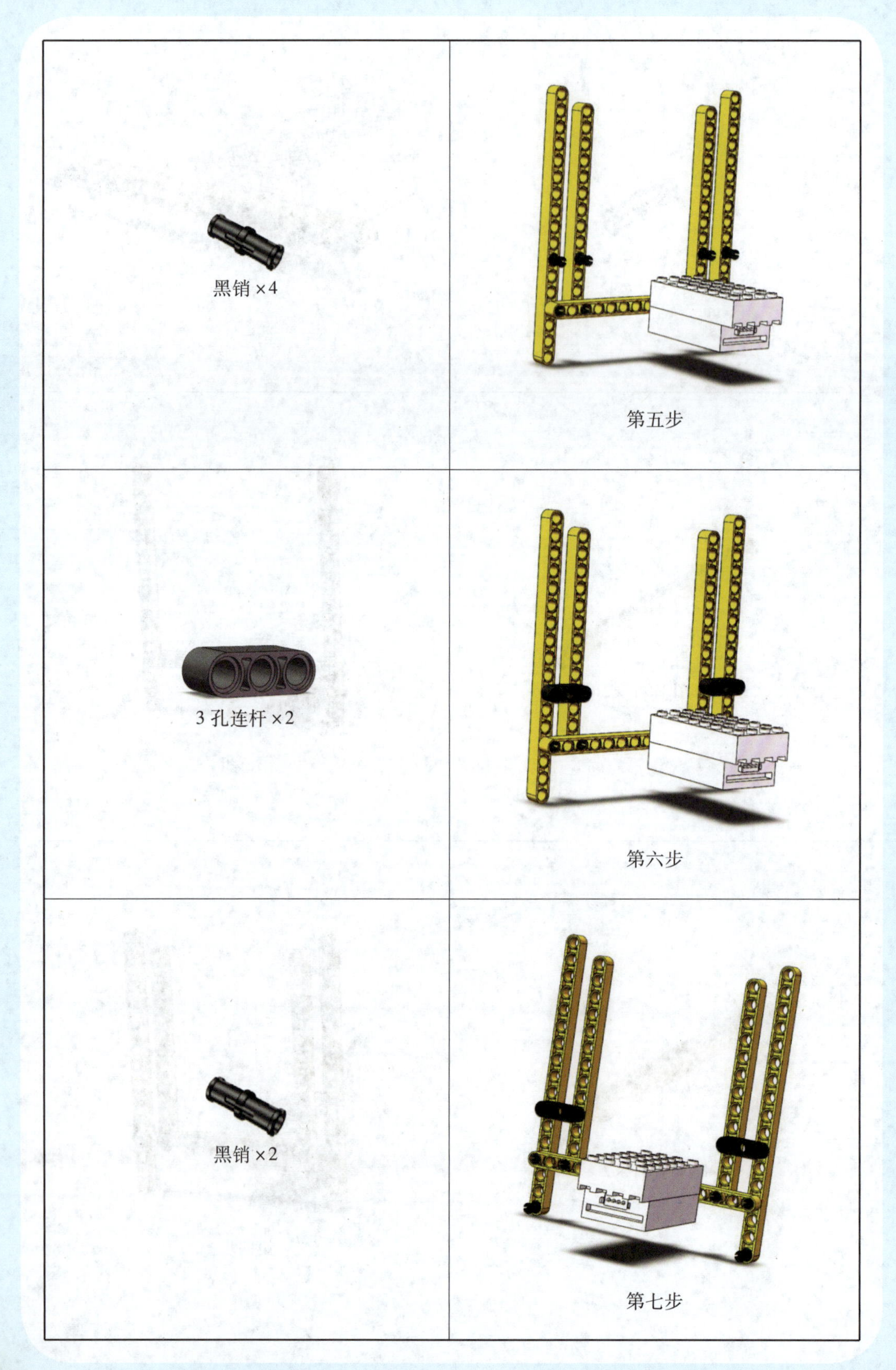
黑销 ×4
第五步
3 孔连杆 ×2
第六步
黑销 ×2
第七步

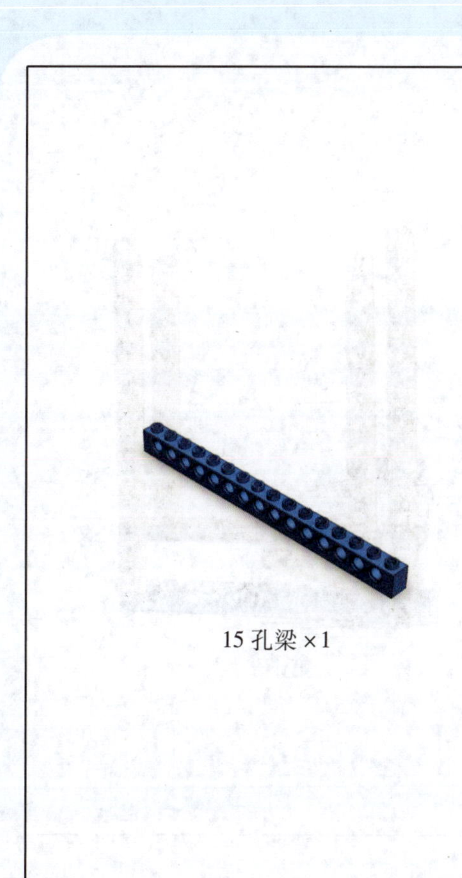

15 孔梁 ×1

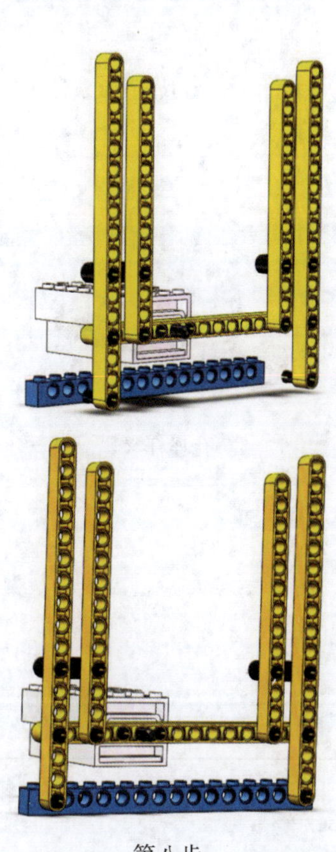

第八步

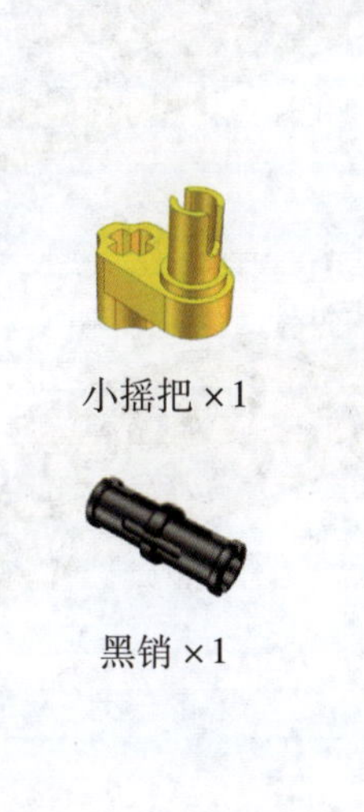

小摇把 ×1

黑销 ×1

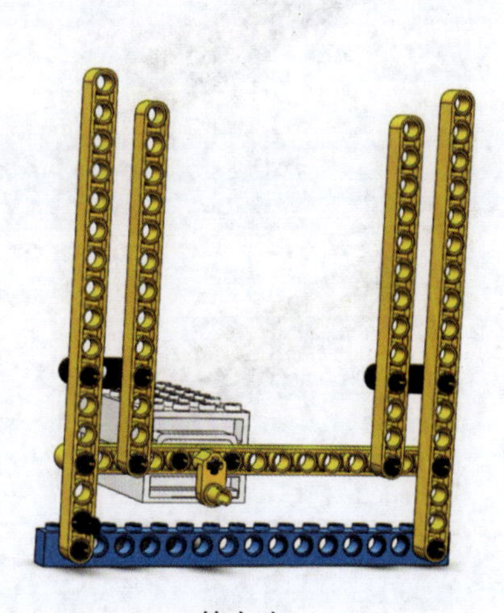

第九步

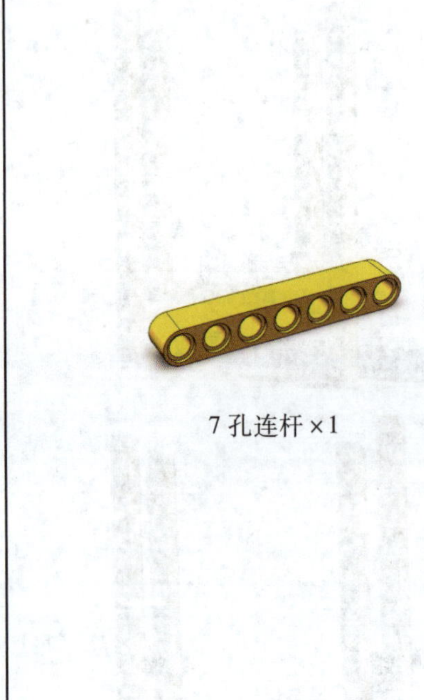

7 孔连杆 ×1

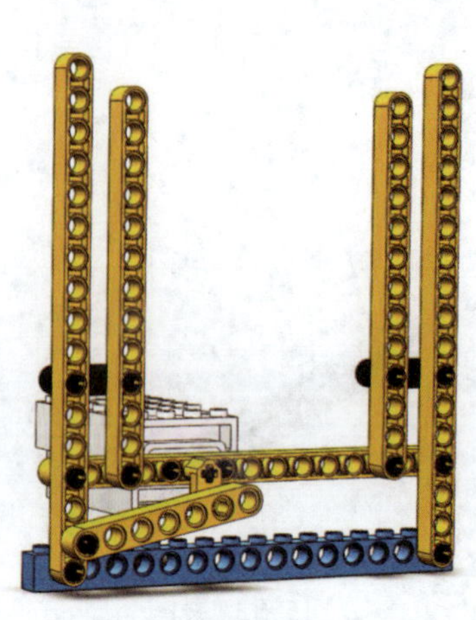

第十步

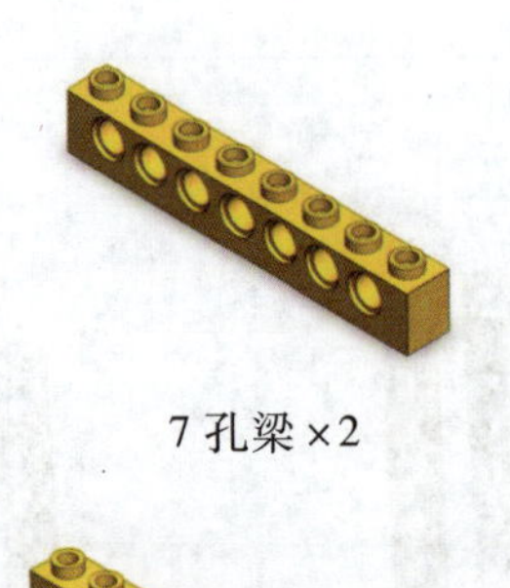

7 孔梁 ×2

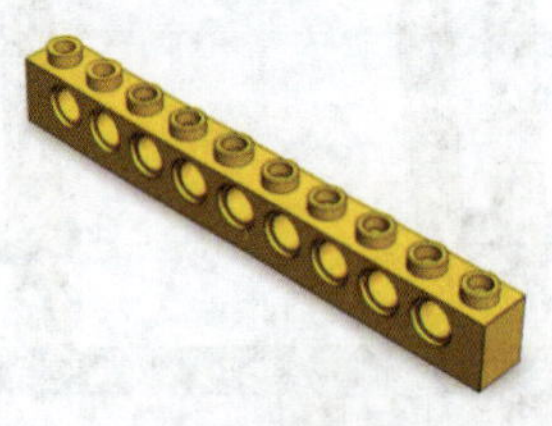

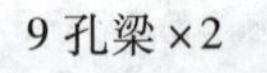

9 孔梁 ×2

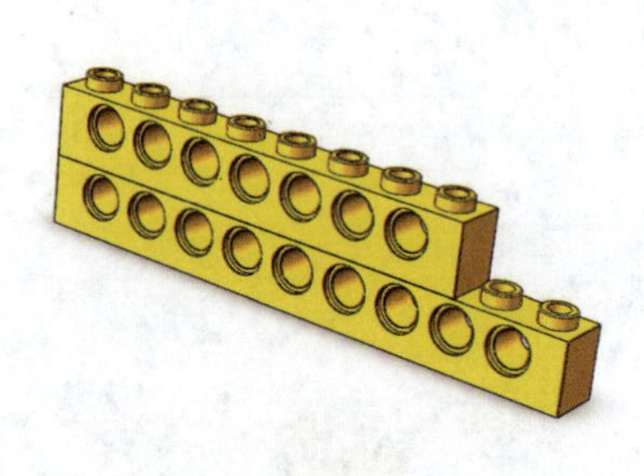

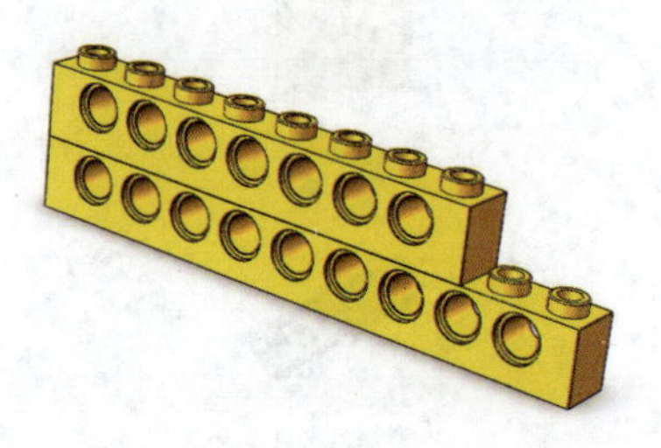

第十一步

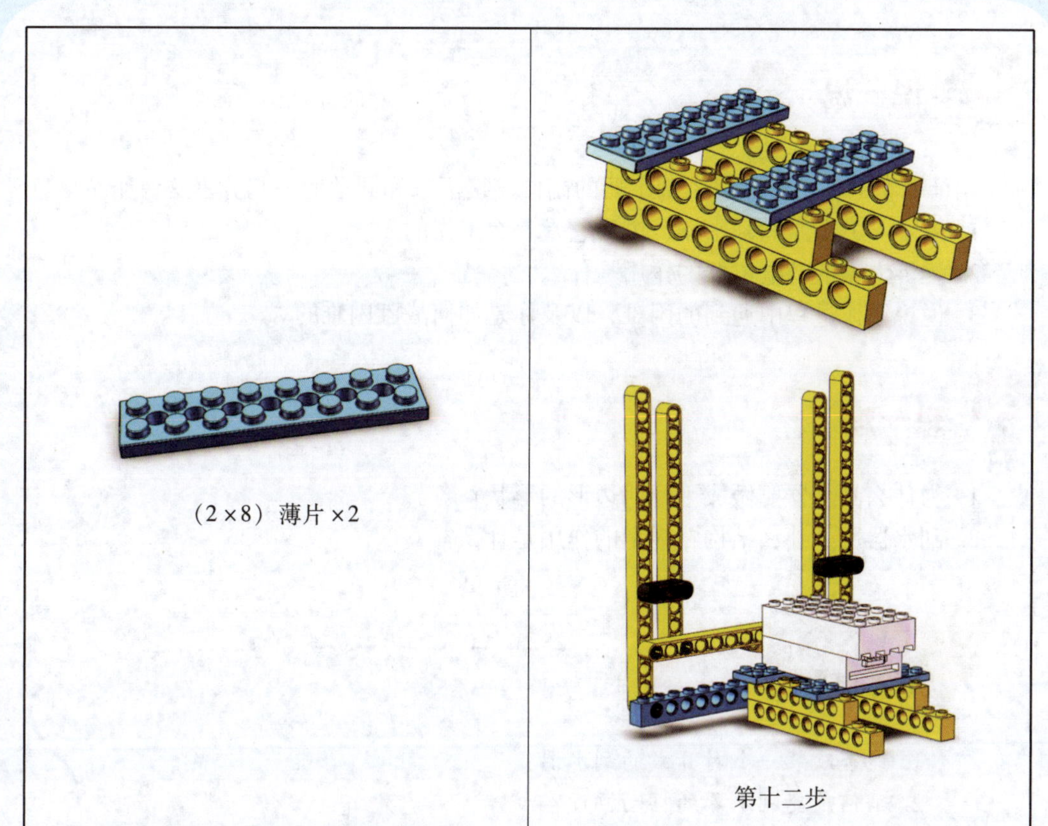

（2×8）薄片 ×2

第十二步

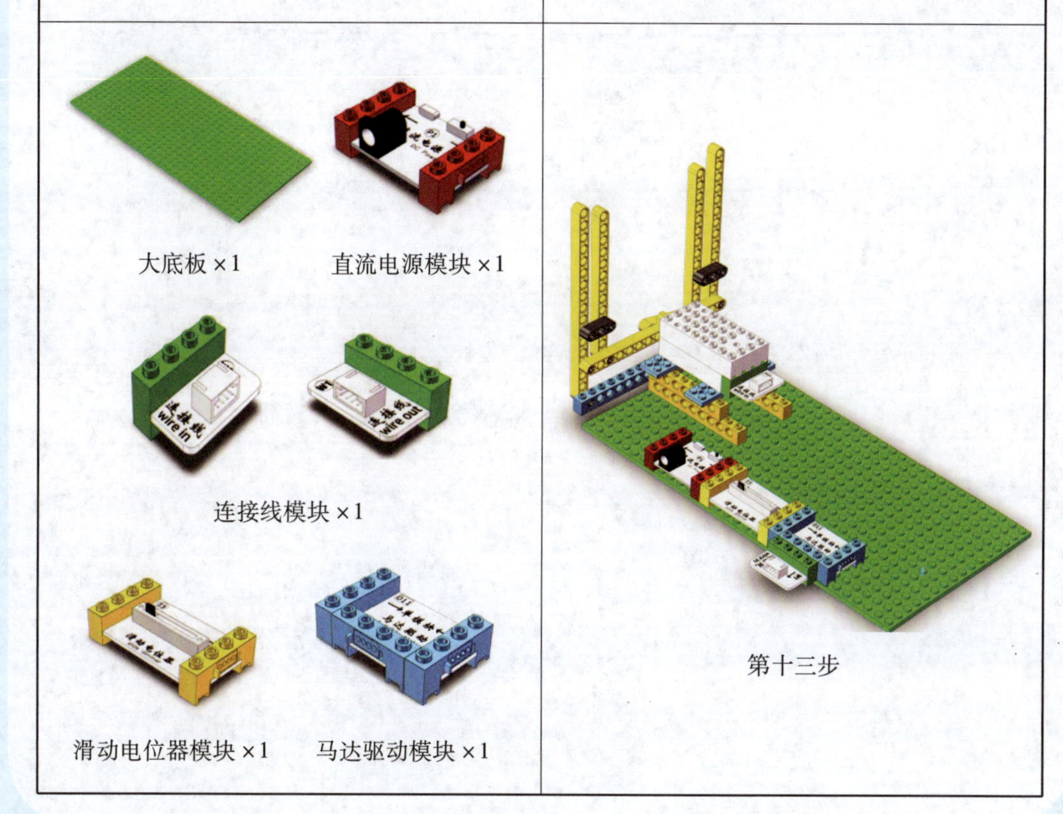

大底板 ×1　直流电源模块 ×1

连接线模块 ×1

滑动电位器模块 ×1　马达驱动模块 ×1

第十三步

相信聪明的你已经完成了刮水器的制作，接下来和同学们一起分享这件作品吧！

1. 展示一下自制的刮水器，讲讲它是怎么工作的。
2. 告诉大家滑动电位器的作用是什么。
3. 说说制作过程中遇到的困难，以及你是如何战胜困难的。

1. 为什么刮水器要做成平行四边形的形状？
2. 刮水器用了什么结构？摇把的作用是什么？

1. 能否改装一个对开式的刮水器？
2. 如何改变刮水器的摆动幅度？

第二讲 音乐盒

牛牛要过生日了，闹闹一直在想，买什么礼物送给牛牛呢？闹闹去礼品店看了很久，被一个音乐盒吸引住了。音乐盒上面有个圆圆的玻璃球，里面的玩偶伴着雪花翩翩起舞，十分漂亮。不仅如此，音乐盒在启动时还会发出动听的音乐。闹闹当即决定，就送这件礼物给牛牛！

同学们，你们有没有收到过音乐盒？你喜欢什么样子的音乐盒呢？

一、看一看

（一）什么是音乐盒

音乐盒，又称八音盒，是一种机械发音乐器。上好发条后，音乐盒就可以自动演奏音乐。

（二）音乐盒的历史

1796 年，瑞士人安托·法布尔发明了圆筒型音乐盒，这是世界上最古老的音乐盒。据悉，这个音乐盒收藏在日本“京都岚山八音盒博物馆”，曾在上海公开展出过一年。该音乐盒小巧玲珑，仅 10 厘米左右的高度。有一枚实用而豪华的纯金图章藏在音乐盒的底部。当人们转动图章上部的环时，台座上的开关便开始演奏音乐。

由于音乐盒制作工艺非常精湛，所以 18、19 世纪时它的价格相当昂贵，仅在贵族中流传。

二、讲一讲

（一）音乐盒的结构

音乐盒主要由动力源（发条或摇把等）、音筒、音板、阻尼、底板、传动机构等部分组成。

（二）音乐盒的机械原理

启动时，旋紧发条，发条因弹力慢慢松开，带动表面有小凸起的音筒作匀速转动，当凸起经过音板音条时会拨动簧片（先将其慢慢抬起，然后突然放下），使簧片按设定的振动频率振动，从而发出设定的声音。

（三）音乐盒的工作原理

音乐盒接通电源蜂鸣器时开始播放音乐。同时，蜗杆与电机同轴固定连接，蜗轮1和蜗轮2与蜗杆啮合连接，蜗轮1和舞台1同轴固定连接，蜗轮2和齿轮1同轴固定连接，齿轮1和齿轮2啮合连接，舞台2和齿轮2固定连接。当电机转动时，蜗杆随之旋转。蜗杆转动，带动蜗轮1和蜗轮2啮合转动。蜗轮1转动，舞台1也跟着转动。蜗轮2转动，同轴的齿轮1也随之转动，与齿轮1啮合的齿轮2带着舞台2一起转动。

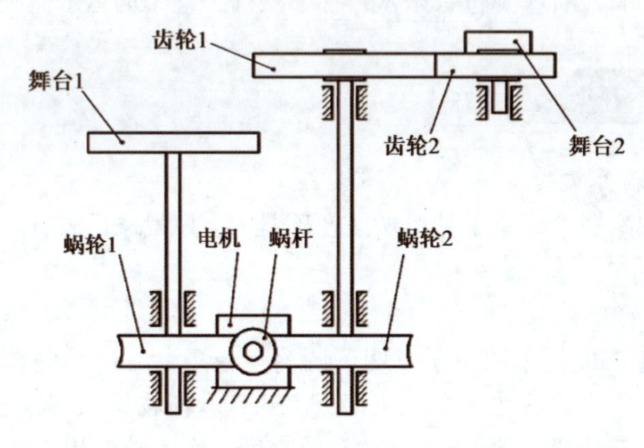

同学们，让我们自己动手，用积木制作一个音乐盒吧！

三、做一做

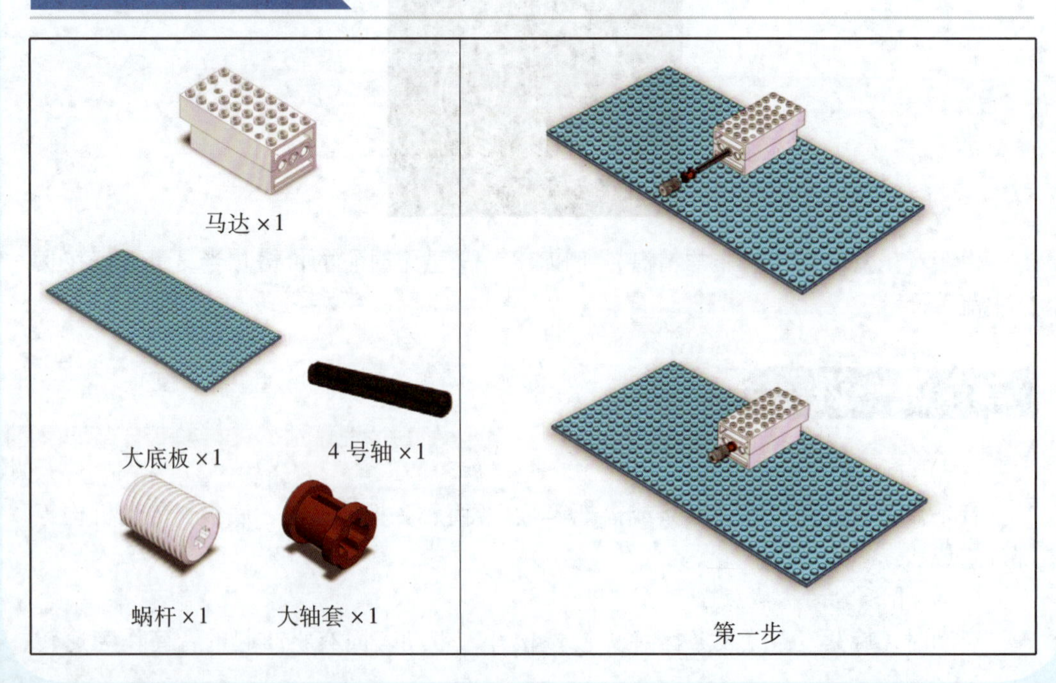

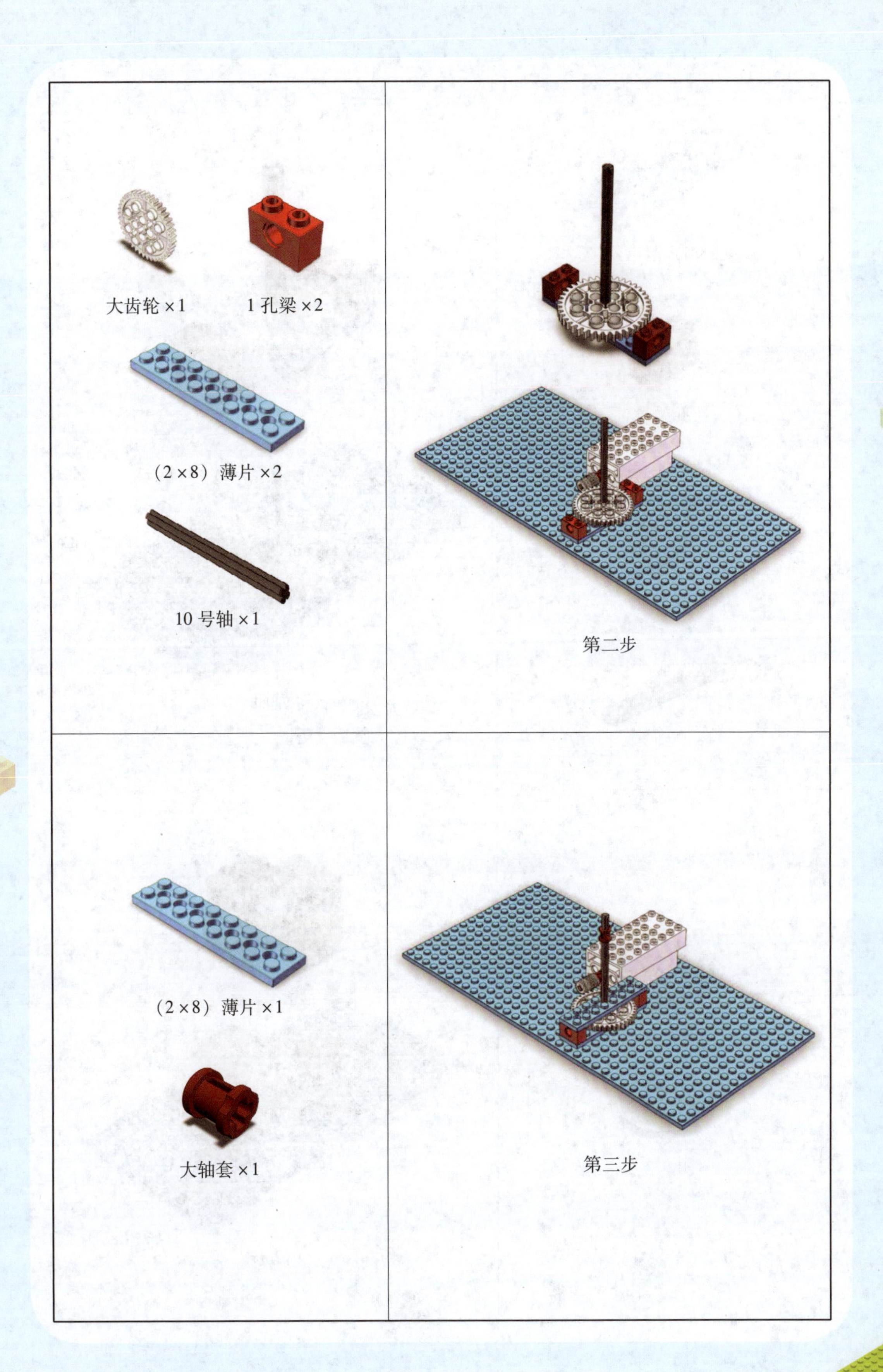

大齿轮 ×1
1 孔梁 ×2
（2×8）薄片 ×2
10 号轴 ×1
第二步
（2×8）薄片 ×1
大轴套 ×1
第三步

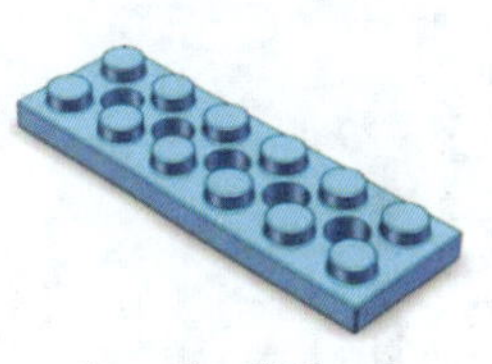

（2×6）薄片×2

1 孔梁×2

中齿轮×1

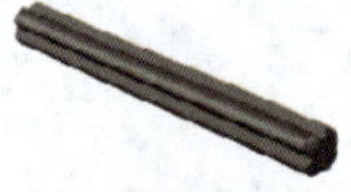

6 号轴×1

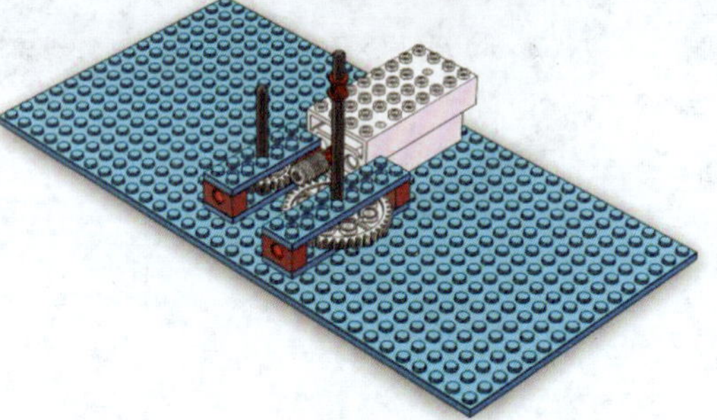

第四步

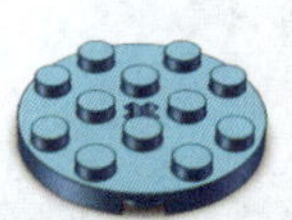

圆盘×1

1 孔梁×4

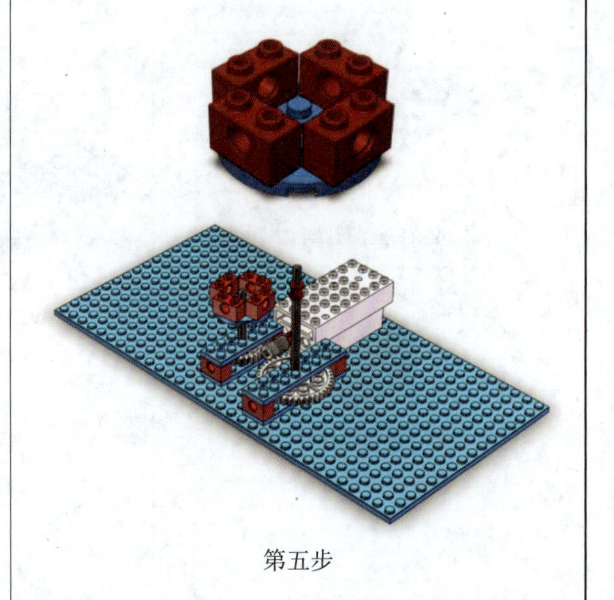

第五步

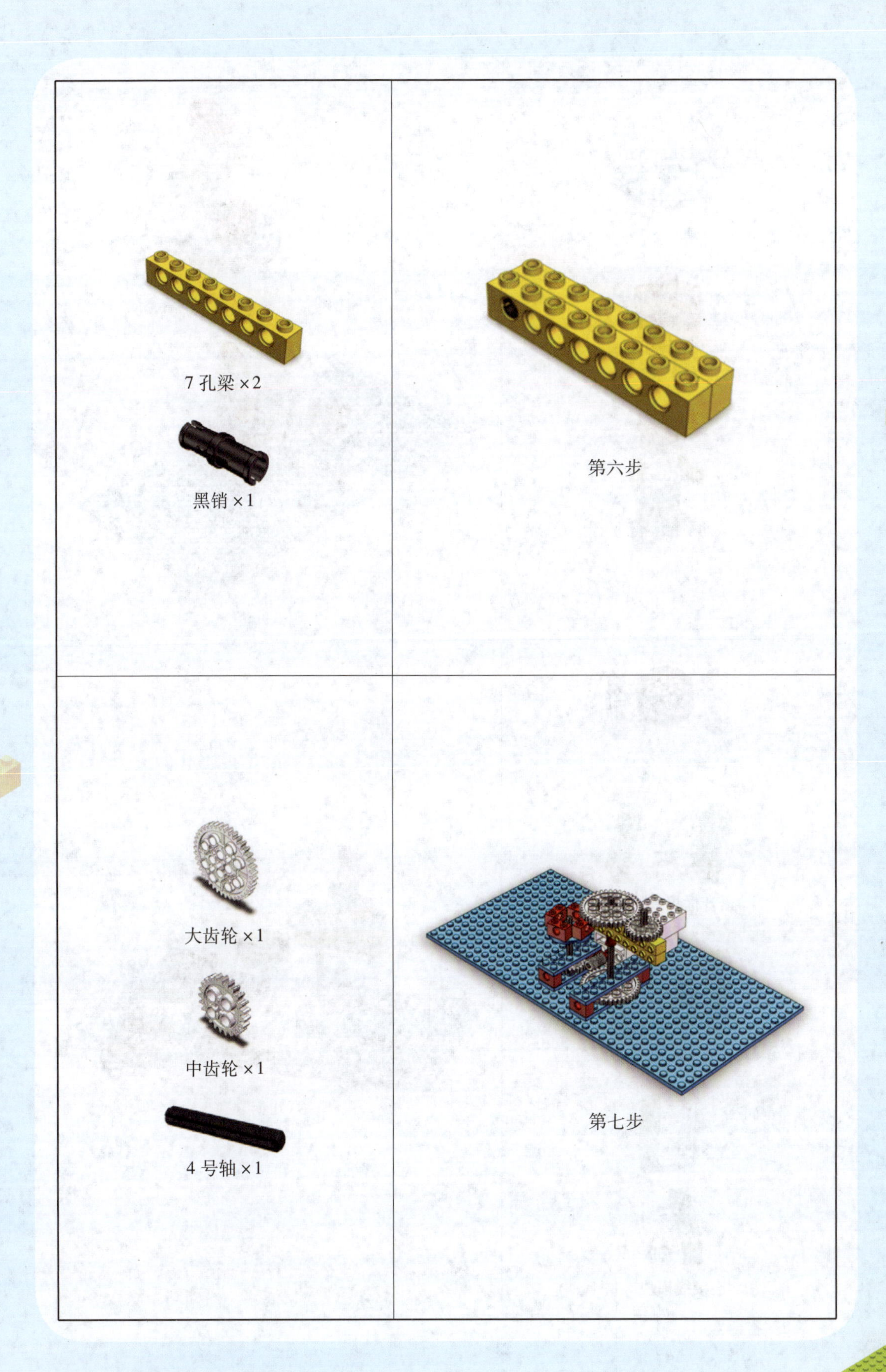
7 孔梁 ×2
黑销 ×1
第六步
大齿轮 ×1
中齿轮 ×1
4 号轴 ×1
第七步

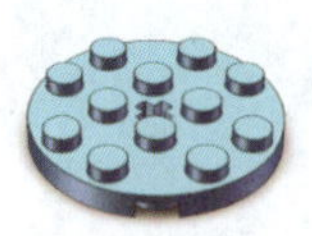 圆盘 ×1 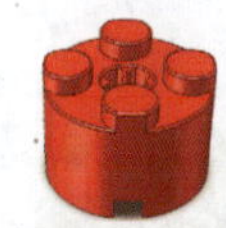 小圆台 ×1  人偶 ×1	 第八步
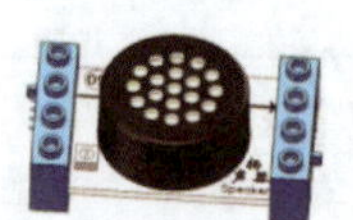 蜂鸣器 ×1 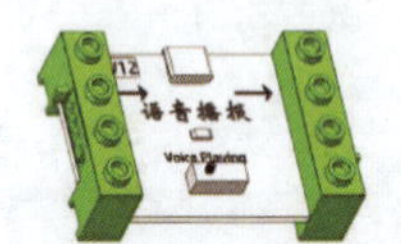 语音播报模块 ×1 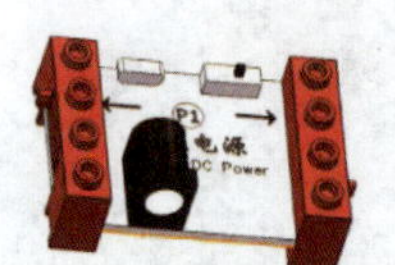 直流电源模块 ×1   连接线模块 ×1	 第九步

相信聪明的你已经完成了音乐盒的制作，接下来和同学们一起分享这件作品吧！

1. 展示一下自制的音乐盒，讲讲它是怎么工作的。
2. 告诉大家音乐盒是怎么播放音乐的。
3. 说说在制作过程中遇到的困难，以及你是如何战胜困难的。

1. 在给音乐盒拧紧发条的时候要注意什么？
2. 生活中还有哪些方面需要用发条？

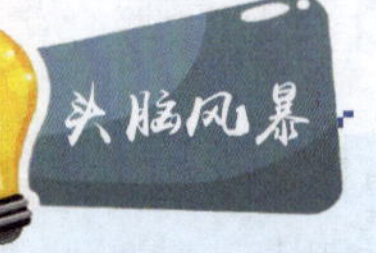

1. 如何让语音播报模块切换音乐？
2. 按照自己的想法，搭建一个形状不同的音乐盒。

第三讲 台 灯

牛牛的台灯坏了，爸爸妈妈带她去超市买新的。牛牛看到了一款外观非常可爱的台灯，售货员告诉她，这是一款新型台灯，增加了护眼功能，并且能够调节灯光的亮度。牛牛非常喜欢，就让爸爸妈妈买下了它。

同学们，你们的台灯有哪些功能呢？

一、看一看

（一）什么是台灯

台灯，是人们生活中用来照明的一种家用电器。它小巧精致，可以放在平面台架上。台灯多带灯罩，为阅读而设计，所用的灯泡一般是白炽灯和节能灯。

（二）灯的发展史

早在白炽灯诞生之前，英国人汉弗莱·戴维就用2000节电池和2根炭棒制成了弧光灯，但这种弧光灯亮度太强，产热太多，又不耐用，所以一般场所根本无法使用。

1854年，移民美国的德国钟表匠亨利·戈培尔用一根放在真空玻璃瓶里的碳化竹丝，制成了第一盏有实际效用的电灯。这盏灯持续亮了400个小时，不过亨利·戈培尔并没有及时申请专利。

1874年，两名加拿大电气技师在玻璃泡内充入氮气，以通电的碳杆发光，并申请了专利，但他们没有足够的财力继续完善这项发明，便在1875年把这项专利卖给了爱迪生。爱迪生购入专利后尝试改良灯丝，终于在1880年制造出了能持续亮1200个小时的碳化竹丝灯。20世纪初，碳化灯丝被钨丝所取代，一直沿用至今。在20世纪后期，发光二极管给现代照明带来了新的曙光。LED灯与传统的灯泡相比具有使用寿命长、发光效率较高、光照面积大、可调整成不同光色等优点，它不但耗电低，而且体积小，能够发出更加炫丽的灯光。

二、讲一讲

（一）灯为什么可以照明

灯通电后，电流通过灯泡里的金属丝产生很高的热量，使灯丝的温度迅速升高。当灯丝达到一定温度时，会将热能转化为光能，从而发出亮光。

（二）台灯的特点

台灯的光照范围比较小，而且集中，不会影响到整个房间的光线。它的作用仅局限在灯的周围，便于阅读、学习，可以节省能源。

同学们，让我们自己动手，用积木制作一盏台灯吧！

三、做一做

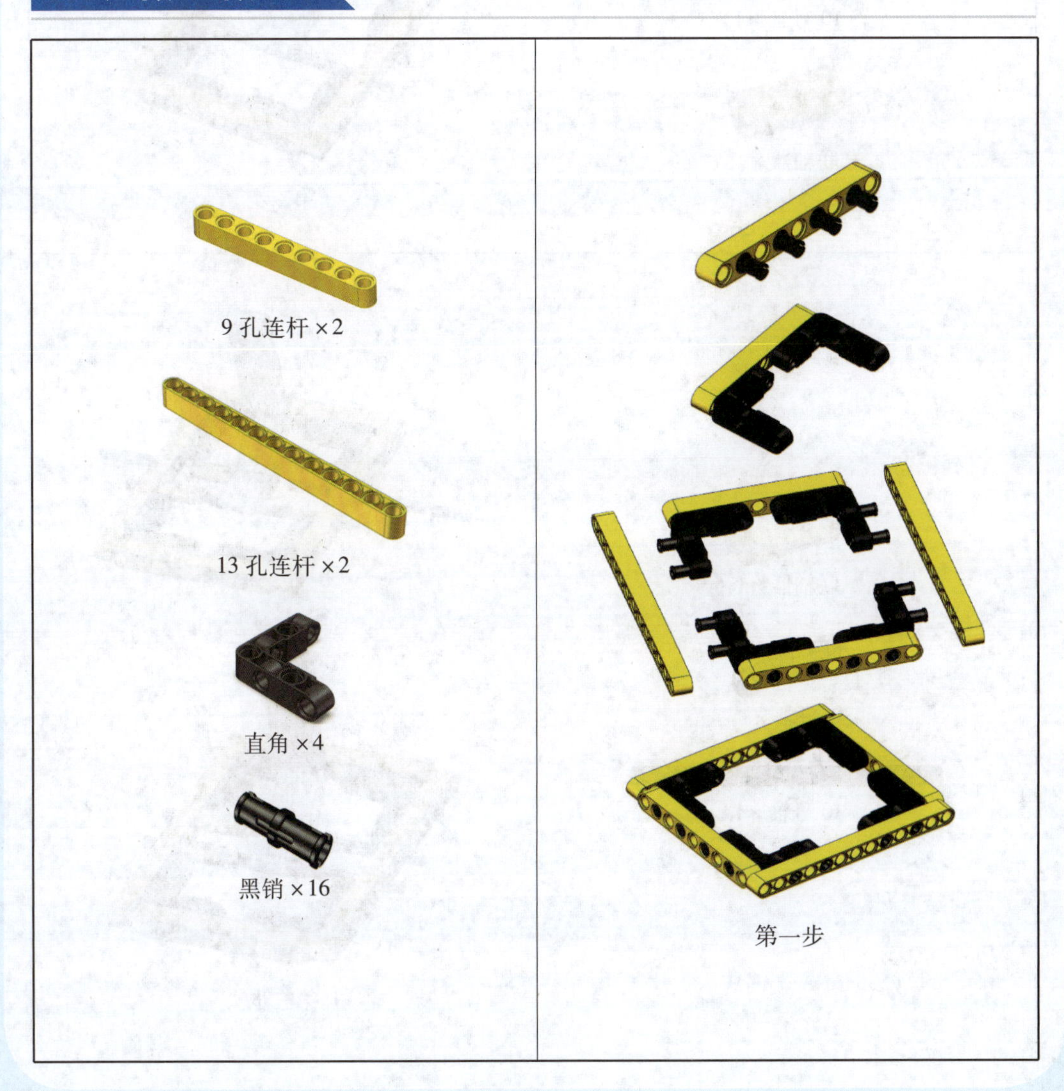

第一步

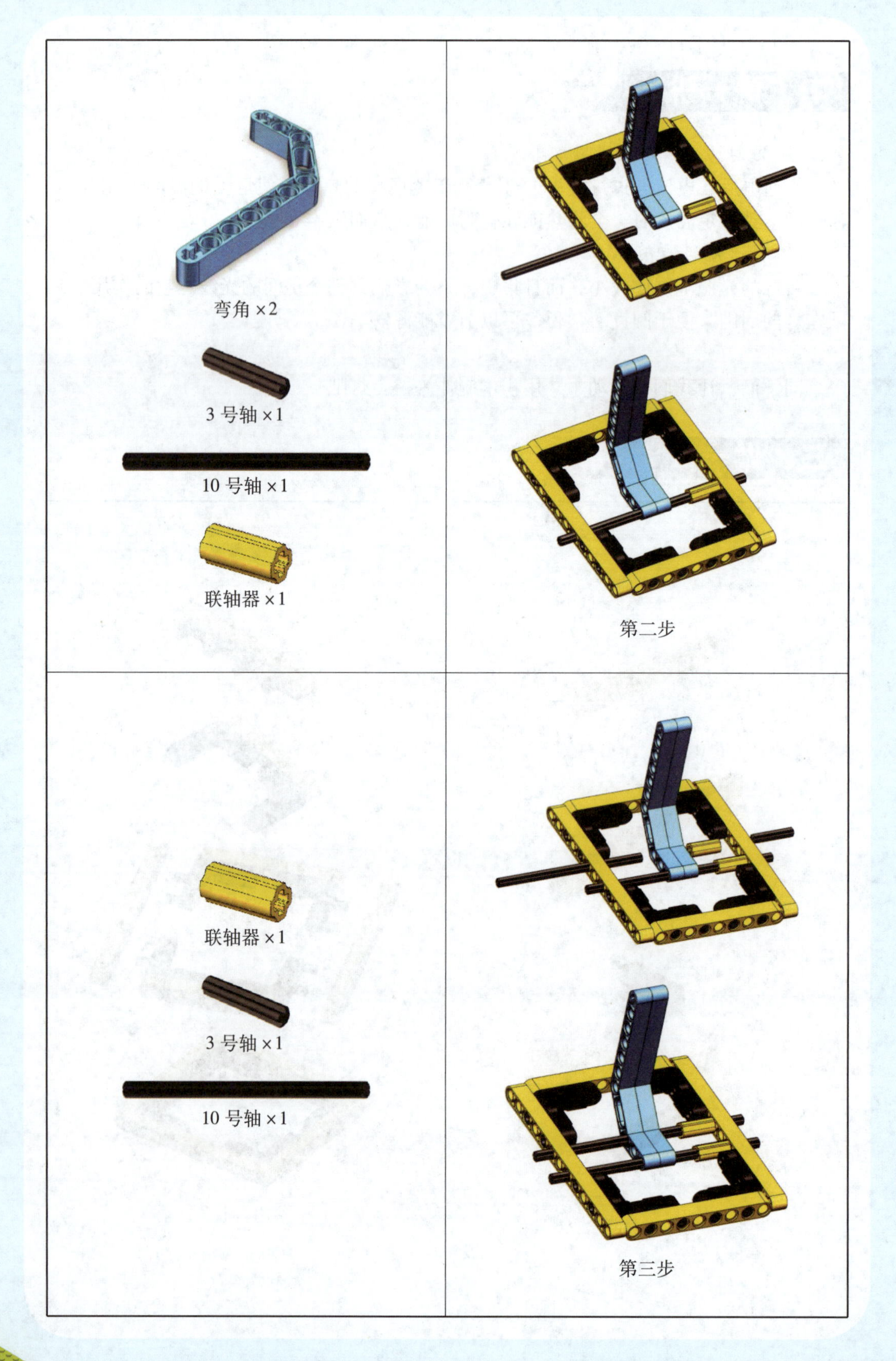

第二步

第三步

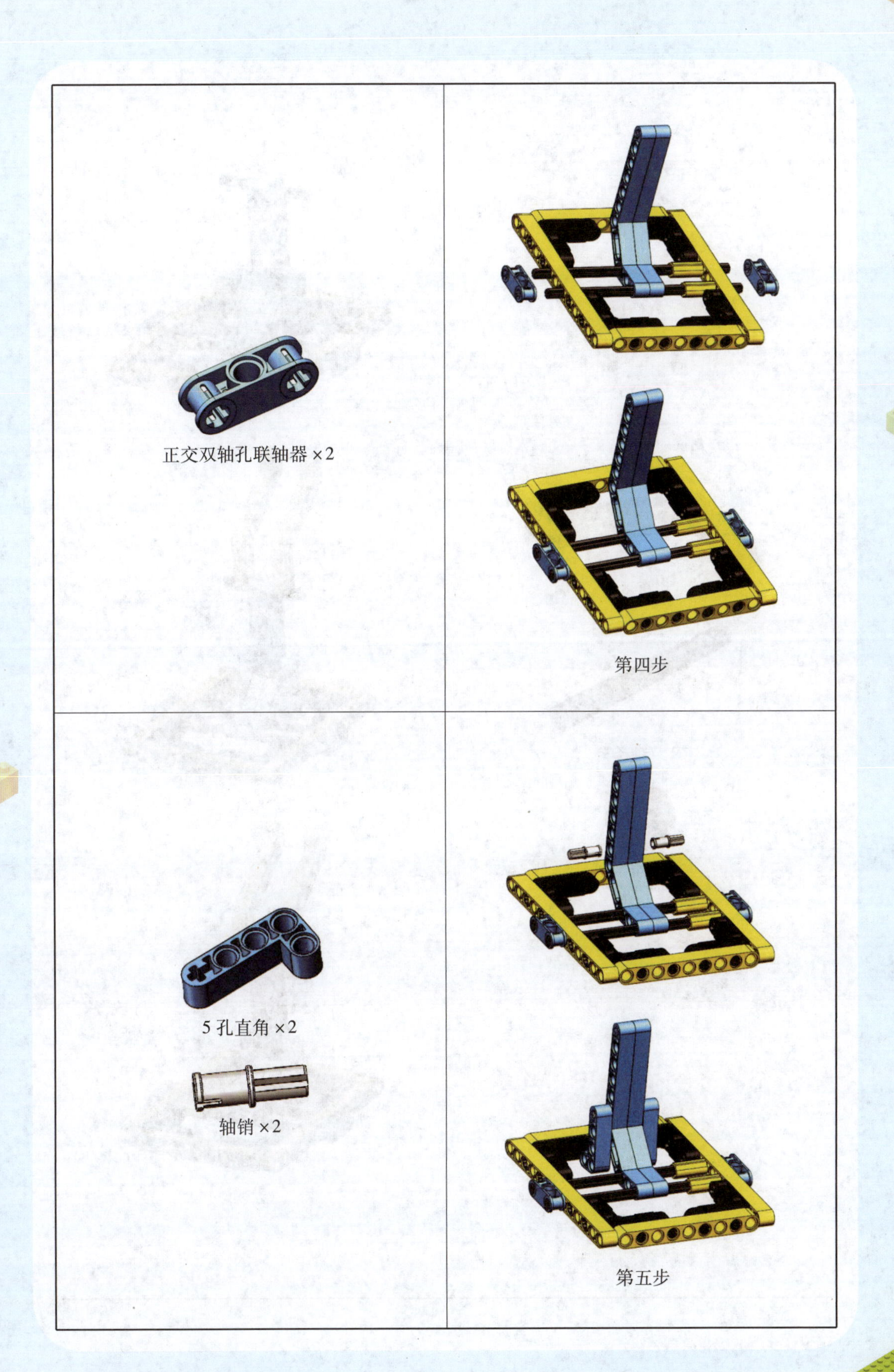
正交双轴孔联轴器 ×2
第四步
5 孔直角 ×2
轴销 ×2
第五步

第六步

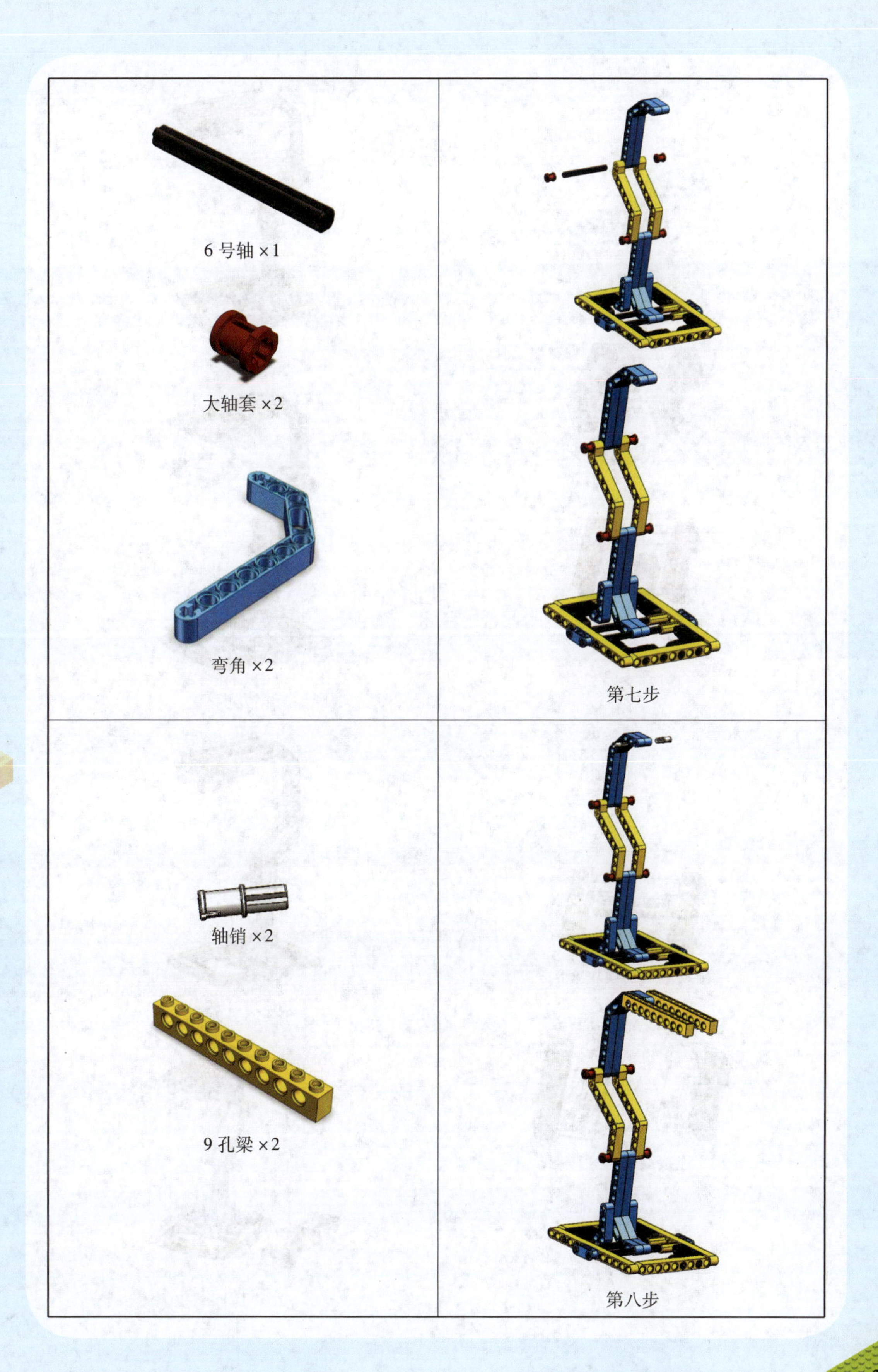
6 号轴 ×1
大轴套 ×2
弯角 ×2
第七步
轴销 ×2
9 孔梁 ×2
第八步

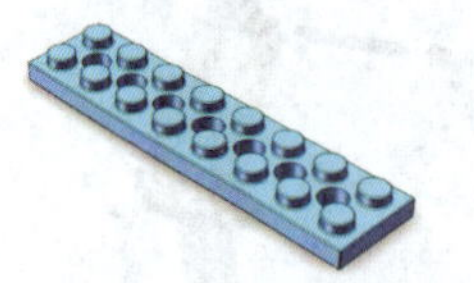

（2 ×8） 薄片 ×3

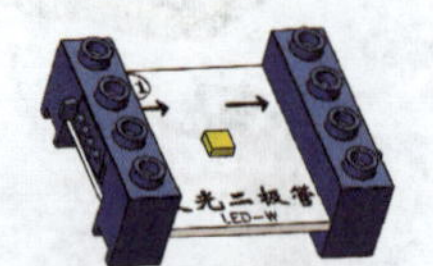

发光二极管模块 ×1

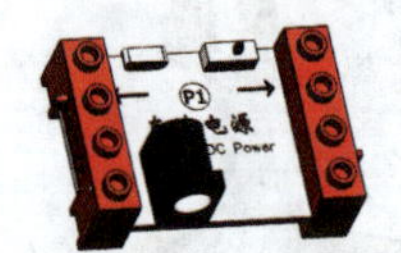

直流电源模块 ×1

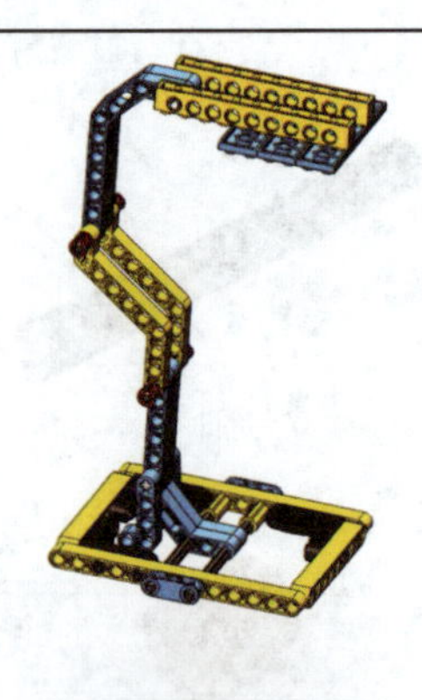

第九步

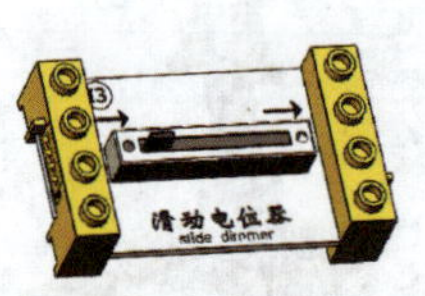

滑动电位器模块 ×1

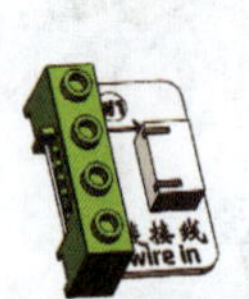

连接线模块 ×1

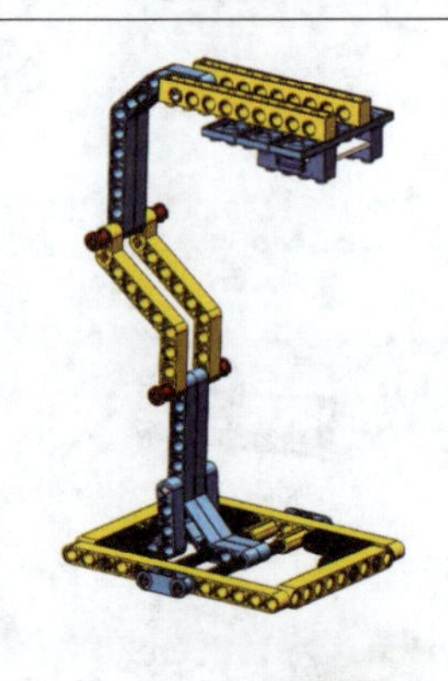

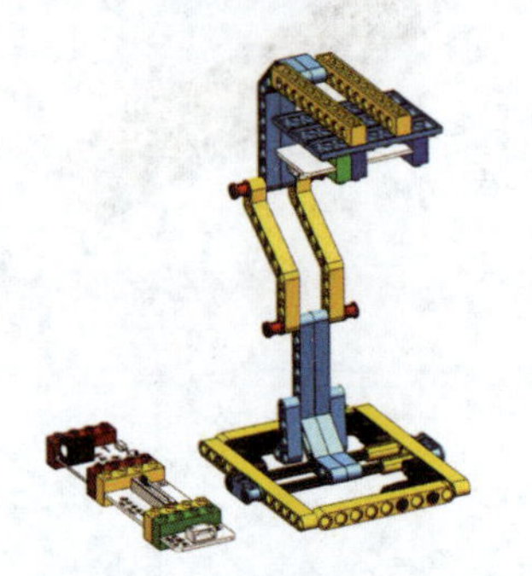

第十步

相信聪明的你已经完成了台灯的制作，接下来和同学们一起分享这件作品吧！

1. 展示一下自制的台灯，讲讲它是怎么工作的。
2. 告诉大家灯为什么可以发光。
3. 说说在制作过程中遇到的困难，以及你是如何战胜困难的。

1. 灯泡用久了为什么会发热？
2. 为什么霓虹灯可以发出五颜六色的光？

1. 能否改装一盏声控台灯？
2. 如何制作一盏可以折叠的台灯？

第四讲 云梯

为了加强火灾防患意识，闹闹所在的学校组织学生观看了消防员灭火救灾的视频。在视频中，闹闹发现很多火灾都发生在高楼，消防员叔叔要架设很高的梯子才能进行灭火和救援工作。这种梯子很特别，不但可以折叠，而且可以升降，老师告诉学生们："这叫云梯，对消防工作有着无比重要的作用。"

同学们，你们知道什么是云梯吗？

一、看一看

（一）什么是云梯

云梯在古代属于战争器械，主要用于攀越城墙。古代的云梯，有的装有轮子，可以推动行驶，也称为"云梯车"。

在现代，云梯是一种攀援登高工具，主要用于消防和抢险等救灾场合。

（二）云梯的历史

在我国，夏、商、周时期已有云梯，当时称"钩援"。到春秋时，巧匠鲁班对它进行了改进，使之逐步完善。云梯由车轮、梯身、钩三部分组成。梯身可以上下仰俯，靠人力扛抬倚架到城墙壁上；梯顶端有钩，用来钩援城缘；梯身下装有车轮，可以移动。唐代的云梯比战国时期又有了很大改进，云梯底架以木为床，下置六轮，梯身以一定角度固定装置于底盘上，并在主梯之外增设了一具可以活动的"副梯"，顶端装有一对辘轳，登城时，云梯可以沿城墙壁自由地上下移动，不再需要人抬肩扛。宋代云梯的主梯也分为两段，并采用了折叠式结构，中间以转轴连接。这种形制有点像当时通行的折叠式飞桥。同时，副梯也出现了多种形式，使登城行动更加简便迅速。明朝以后，笨重的巨大云梯，因无法抵御火器的攻击，逐渐被废弃。现代人通过技术改进制作了云梯车，它是一种车载云梯设备，是可以将物料搬运上楼的专项作业车辆，具有操作简便易学、灵活性强、运用面广、工作效率高、性能好等特点。

二、讲一讲

（一）云梯的结构

云梯主要由车轮、齿轮组、车身和梯身等部分组成。

（二）云梯的工作原理

在云梯中，电机与齿轮 1 同轴固定连接，齿轮 1 和齿轮 2 啮合连接。当电机转动时，驱动车轮前进。车轮到达指定位置后，通过手动方式将折叠的梯身展开，直至达到相应的位置。

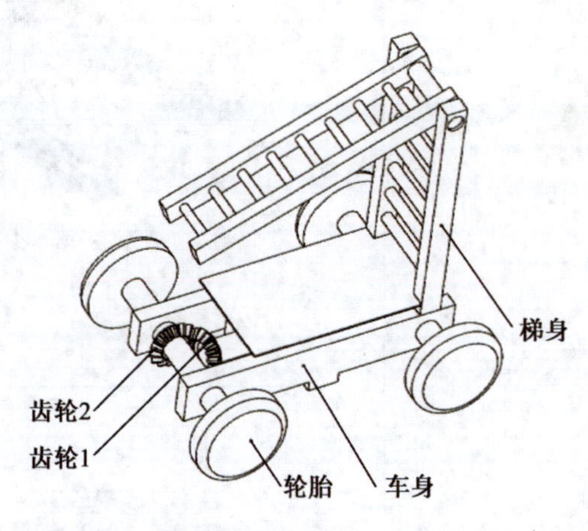

同学们，让我们自己动手，用积木制作一部云梯吧！

三、做一做

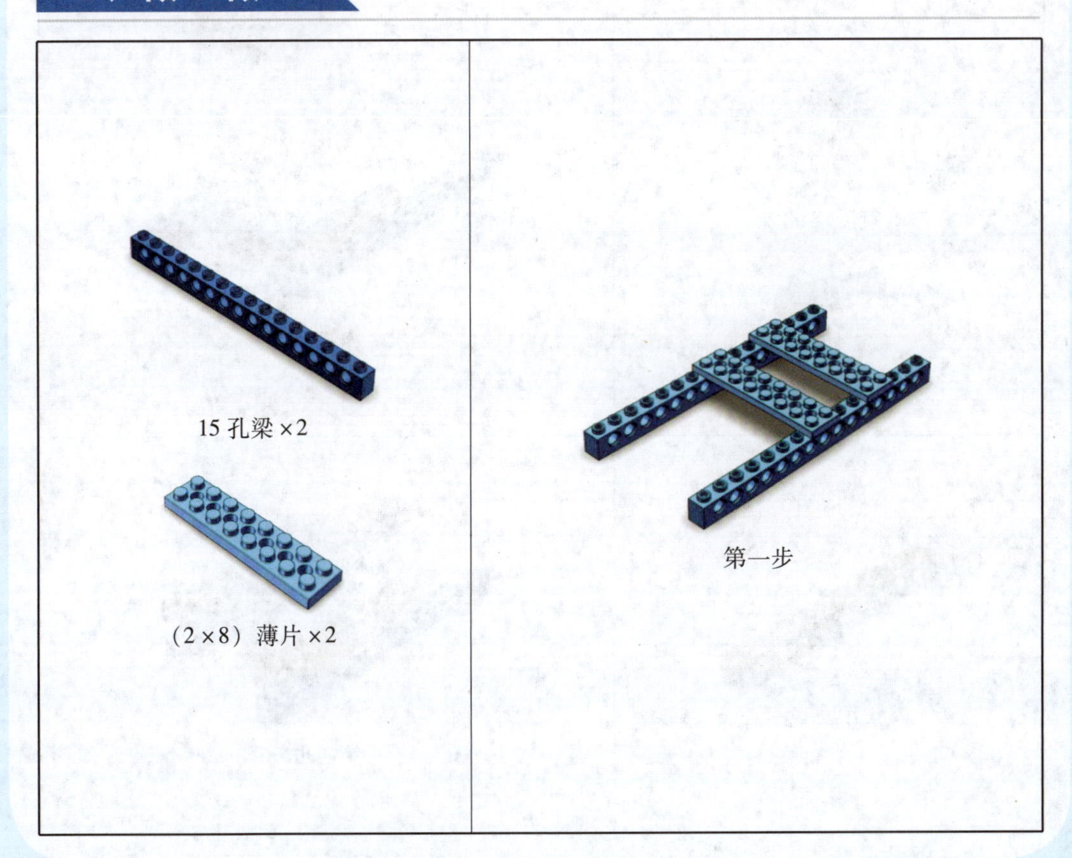

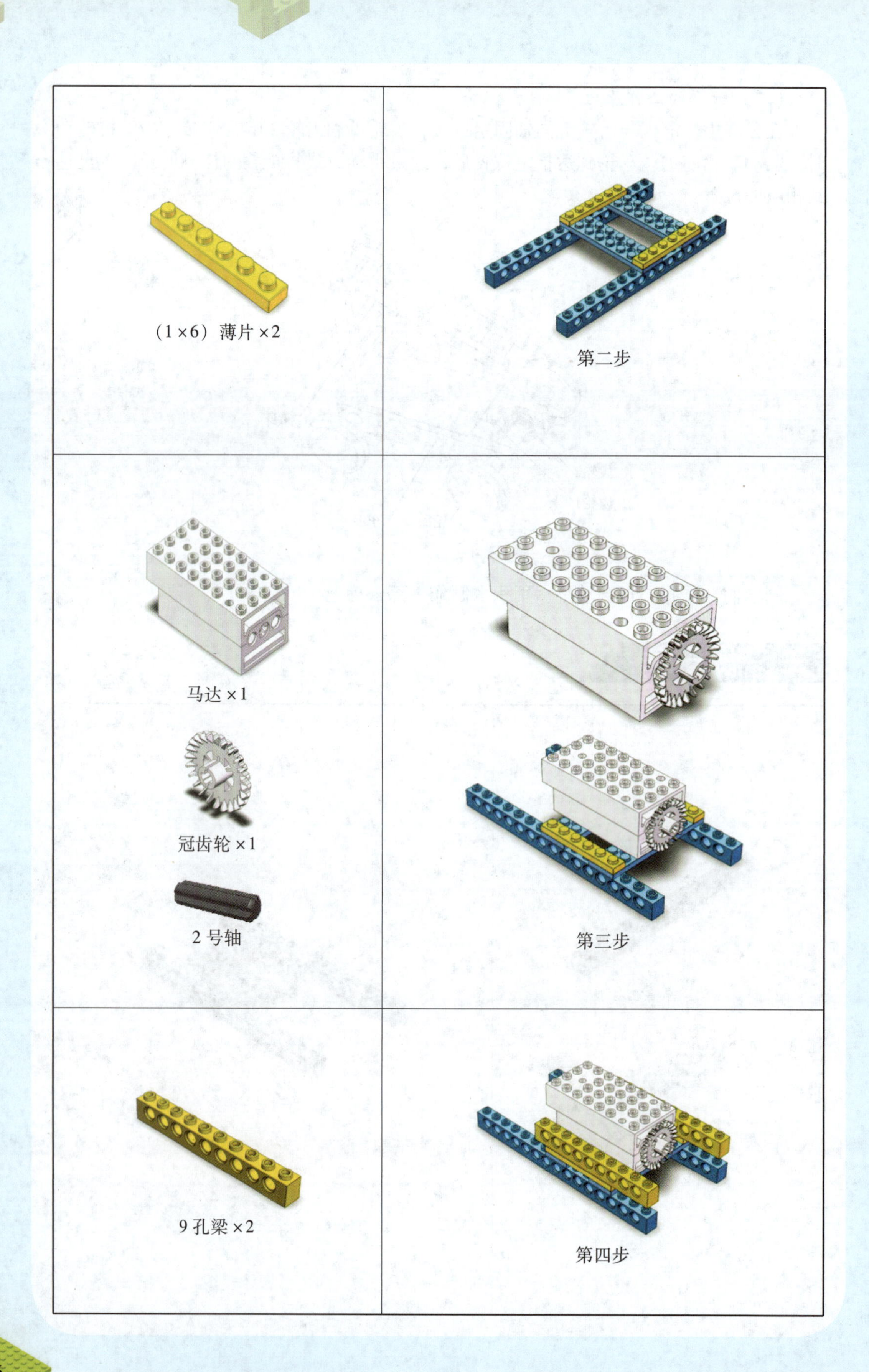
（1×6）薄片×2
第二步
马达×1
冠齿轮×1
2 号轴
第三步
9 孔梁×2
第四步

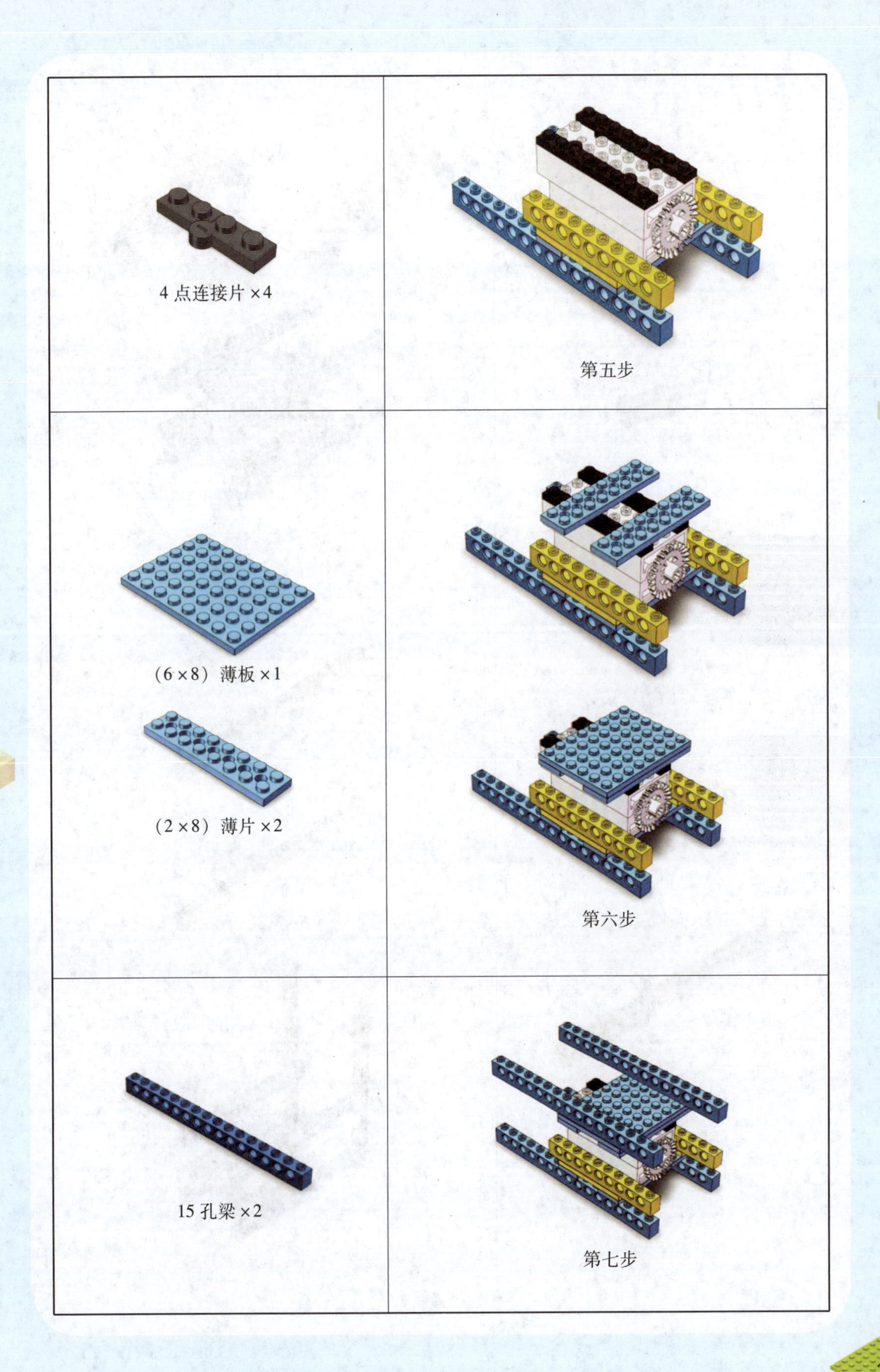
4 点连接片 ×4
第五步
（6×8）薄板 ×1
（2×8）薄片 ×2
第六步
15 孔梁 ×2
第七步

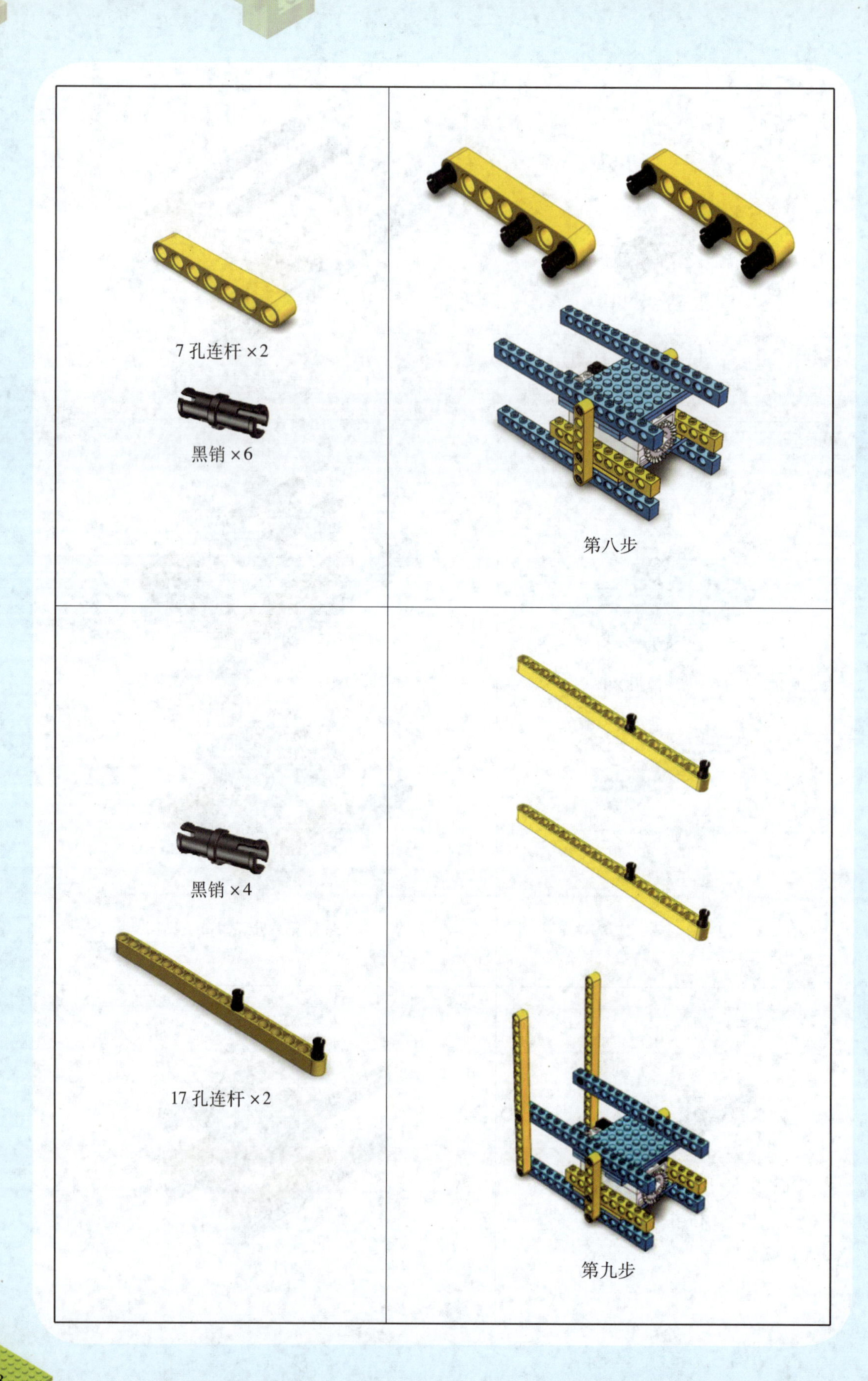
7 孔连杆 ×2
黑销 ×6
第八步
黑销 ×4
17 孔连杆 ×2
第九步

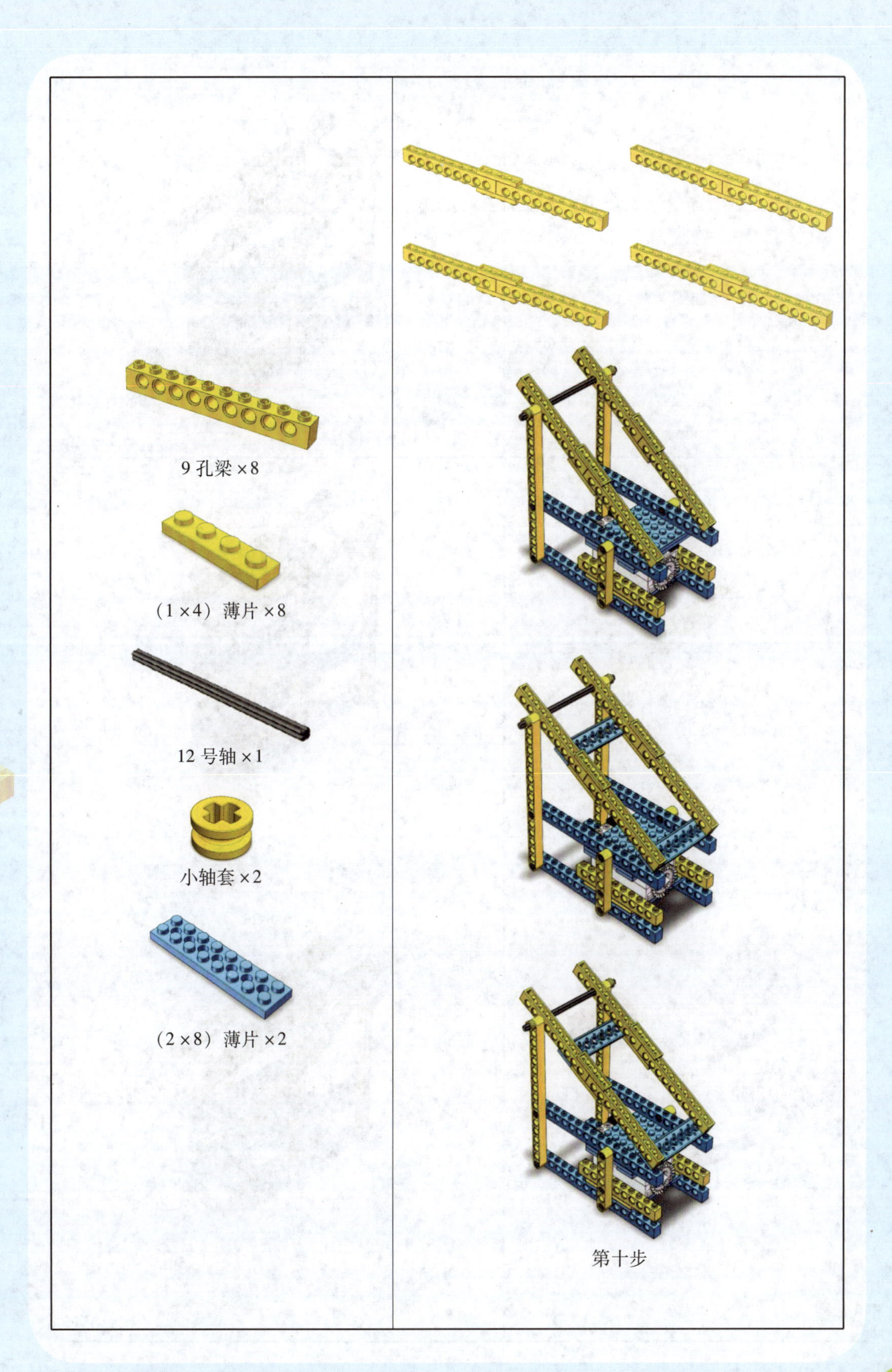

第十步

白销 ×2
第十一步
（1×6）薄片 ×2
第十二步
中齿轮 ×1
大轴套 ×1
12 号轴 ×1
第十三步

小轴套 ×4
大轴套 ×4
联轴器 ×1
6 号轴 ×2
轮胎 ×4
第十四步
直流电源模块 ×1
连接线模块 ×1
第十五步

相信聪明的你已经完成了云梯的制作，接下来和同学们一起分享这件作品吧！

1. 展示一下自制的云梯，讲讲它是怎么工作的。
2. 告诉大家现在的云梯都有哪些用处。
3. 说说在制作过程中遇到的困难，以及你是如何战胜困难的。

1. 云梯升到最高处时，重心在哪里？
2. 云梯是依靠什么支撑上升的？

1. 能不能让云梯的梯身自动展开？
2. 如何改装云梯才能让它升得更高？

第五讲　折叠传送带

暑假到了，闹闹与爸爸妈妈一起坐飞机去四川玩。一下飞机，他们就来到了行李领取处，只见行李在一个机器上被一件件运到旅客的面前，秩序井然，等待着被取走。

同学们，这个机器就叫传送带，你们在哪里曾经见到过呢？

一、看一看

（一）传送带的作用

传送带主要用于物品的搬运，使之从一个位置搬运到另外的位置，从而完成空间的转换。

（二）传送带的历史

1868 年，在英国出现了皮带式传送带。1887 年，在美国出现了螺旋输送机。1905 年，在瑞士出现了钢带式输送机。1906 年，在英国和德国出现了惯性输送机。此后，传送带在机械制造、电机、化工和冶金工业技术进步的影响下，逐步由完成车间内部物品的传送，发展到在企业内部、企业之间甚至城市之间搬运物料，成了物料搬运系统机械化和自动化不可缺少的组成部分。

二、讲一讲

（一）传送带的结构

传送带由电机、带轮组、传送带等部分组成。

（二）传送带的工作原理

带轮 1 与电机同轴固定连接，带轮 2 和带轮 1 通过皮带连接，带轮 2 和转轴 1 通过皮带连接，转轴 1 又和转轴 2 通过皮带连接。当电机转动时，带轮 1 随之旋转，通过皮带带动带轮 2 旋转。带轮 2 转动时，转轴 1 和转轴 2 也跟着转动，然后传送带开始工作。

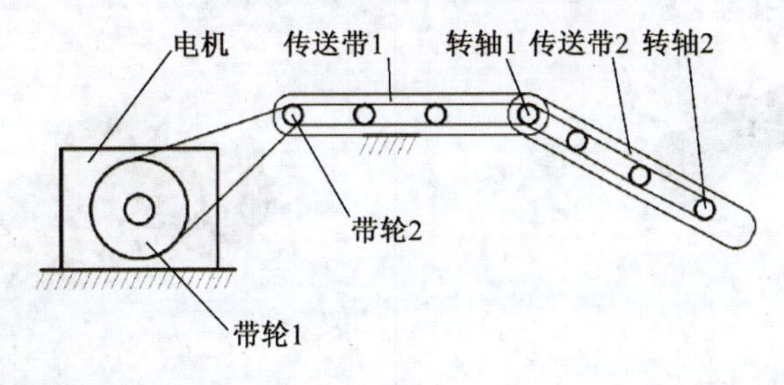

（三）传送带的摩擦力原理

当物体放上传送带的时候，物体的速度为 0，受到传送带的摩擦力后加速。当物体加速至与传送带速度相同时，二者相对静止，不再产生摩擦力，物体仅仅受到重力和传送带的支持力，且合力为零，所以保持匀速直线运动。

同学们，让我们自己动手，用积木制作一套折叠传送带吧！

三、做一做

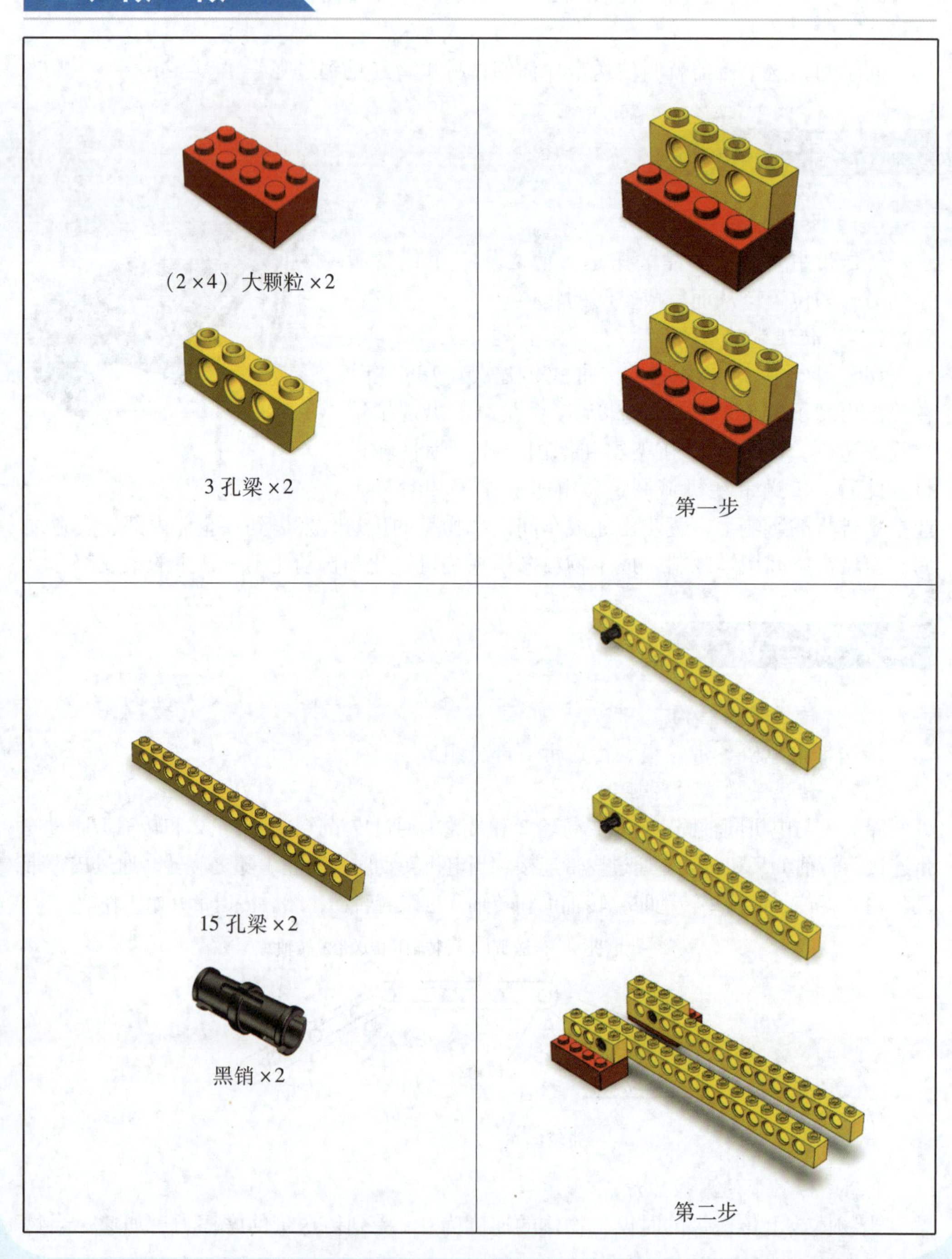

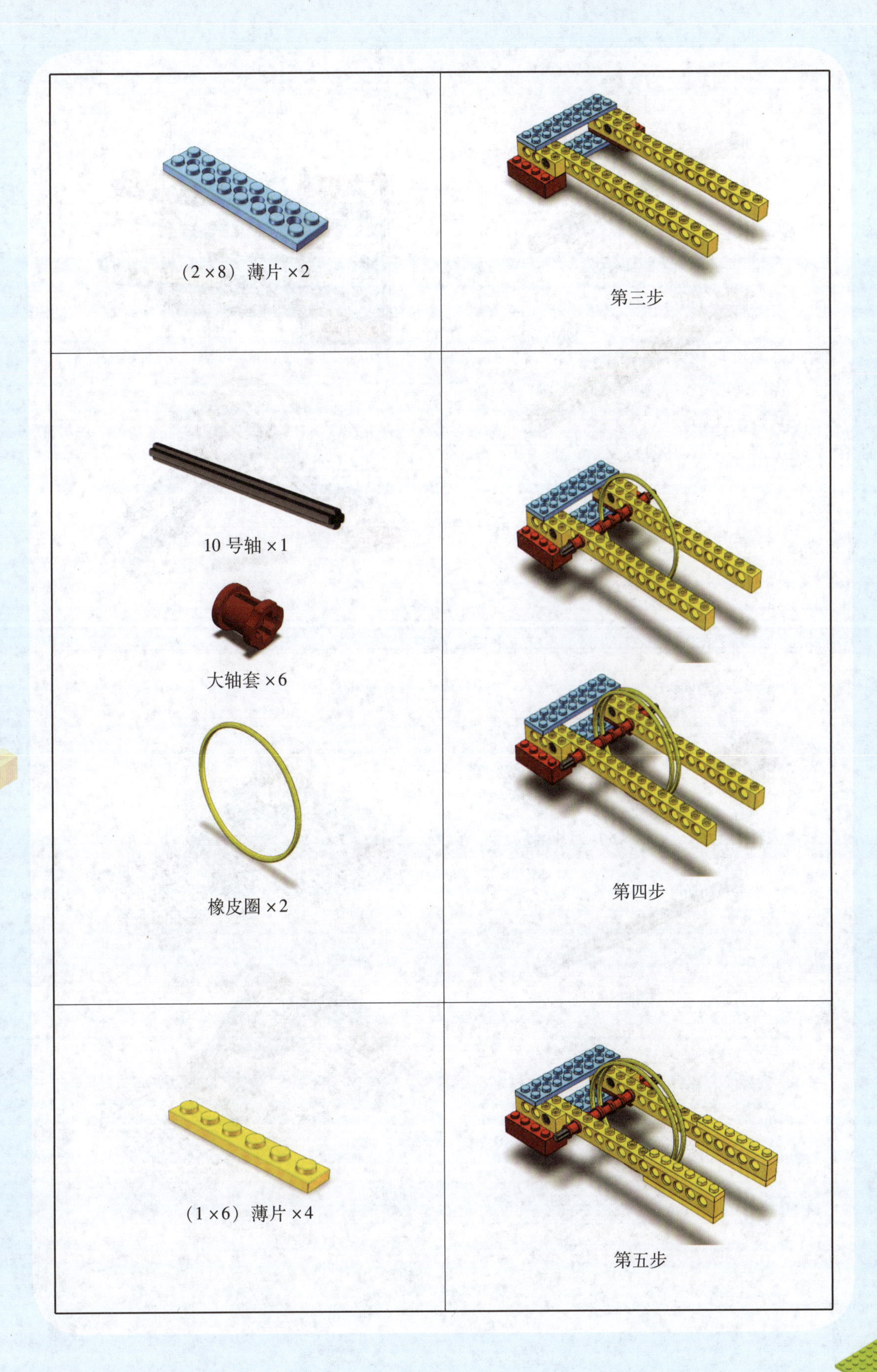
（2×8）薄片×2
第三步
10号轴×1
大轴套×6
橡皮圈×2
第四步
（1×6）薄片×4
第五步

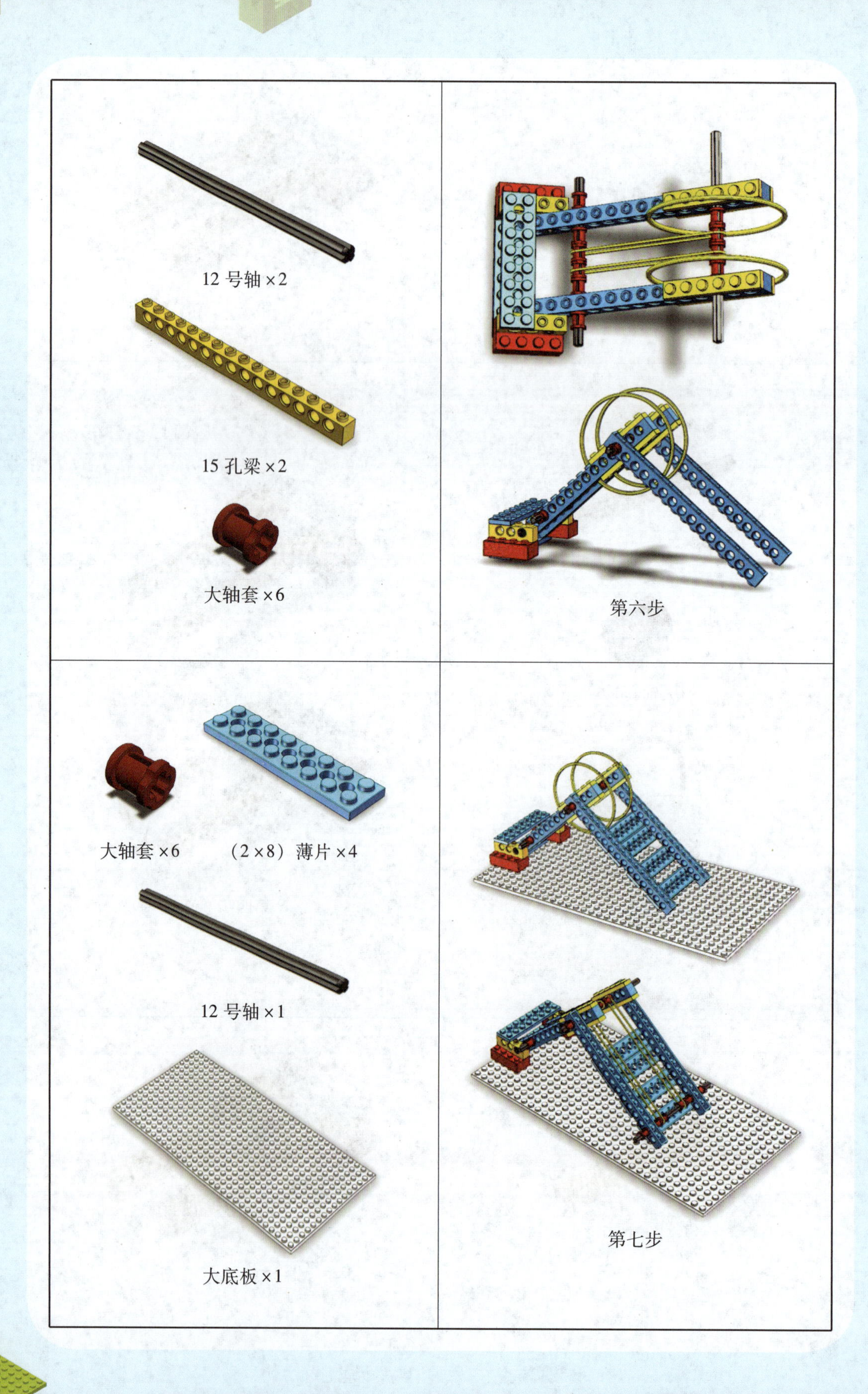
12 号轴 ×2
15 孔梁 ×2
大轴套 ×6
第六步
大轴套 ×6
（2 ×8）薄片 ×4
12 号轴 ×1
大底板 ×1
第七步

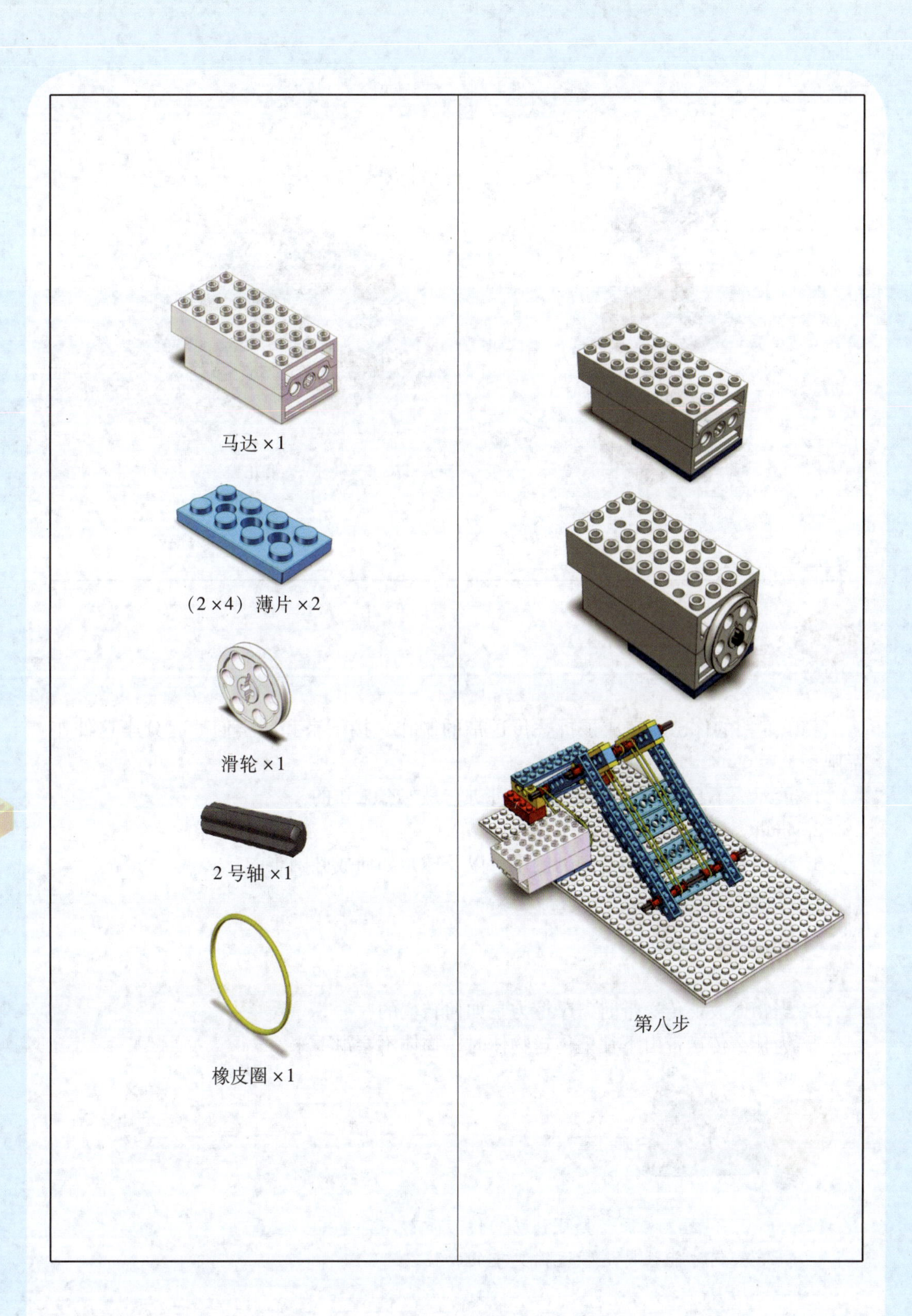

第八步

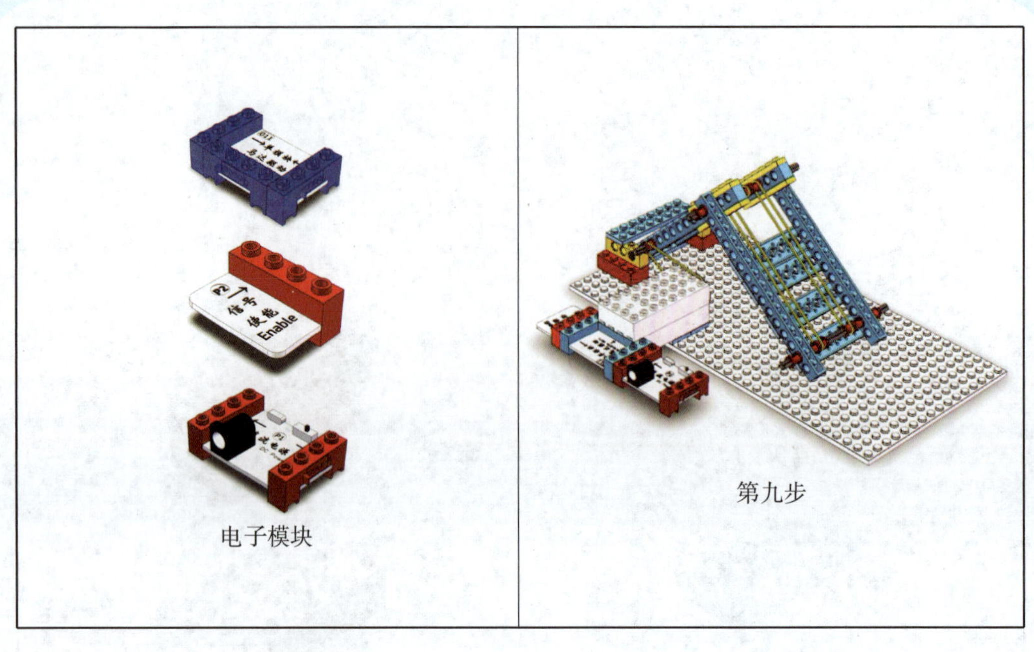

电子模块

第九步

相信聪明的你已经完成了折叠传送带的制作，接下来和同学们一起分享这件作品吧！

1. 展示一下自制的折叠传送带，讲讲它是怎么工作的。
2. 告诉大家折叠传送带的工作原理。
3. 说说在制作过程中遇到的困难，以及你是如何战胜困难的。

1. 当物体放上传送带时，摩擦力是如何转变的？
2. 为什么传送带由下往上传送物体时，物体不会滑下来？

1. 可不可以改装一套可移动的传送带？
2. 如何才能让传送带运输更重的物体？

第六讲　弓　弩

闹闹和爸爸在家一起看历史纪录片，影片中，敌对的双方正准备开战。闹闹看见一方士兵拿着类似于枪一样的武器，他很好奇，就问爸爸："古时候就已经有枪了吗?"爸爸笑了笑说："这件兵器叫弓弩。"

一、看一看

（一）弓弩是什么

弓是抛射兵器中最古老的一种弹射武器。它是由富有弹性的弓臂和柔韧的弓弦构成的。当把拉弦张弓过程中积聚的力量瞬间释放时，可将扣在弓弦上的箭或弹丸射向远处的目标。

弩是古代用来射箭的一种冷兵器，是一种装有臂的弓，主要由弩臂、弩弓、弓弦和弩机等部分组成。弩也称"窝弓""十字弓"，它虽然装填时间比弓长很多，但是射程更远，杀伤力更大，命中率更高，对使用者的要求也比较低，在古代，这是一种大威力的远距离杀伤性武器，是兵车战法中的重要组成部分。

（二）弩的发展史

弩是弓的发展。史书记载，商代已有弩，但据考证为木弩。可见，弩的出现不晚于商周。迄今已发现的最早的较完整的弩，是河南省洛阳市中州路出土的战国中期的弩。这件弩制作得相当考究，弩机为铜质，木质弩臂末端装有错银的铜弩踵，前端有错银的蛇头状铜承弓器。明中期以后，由于火器制造技术的发展，以及一些先进火器的传入，弩已经很少被用于军事。但时至今日，弩还有用武之地，因为其结构简单，操作容易，无声无光，威力适中，附带伤害小（不会引起飞溅、引燃汽油和弹药），还可以用来抛掷绳索。所以，在现代科技的助力下，弩在特种作战、反恐、治安、救生等方面仍然能派上用场。

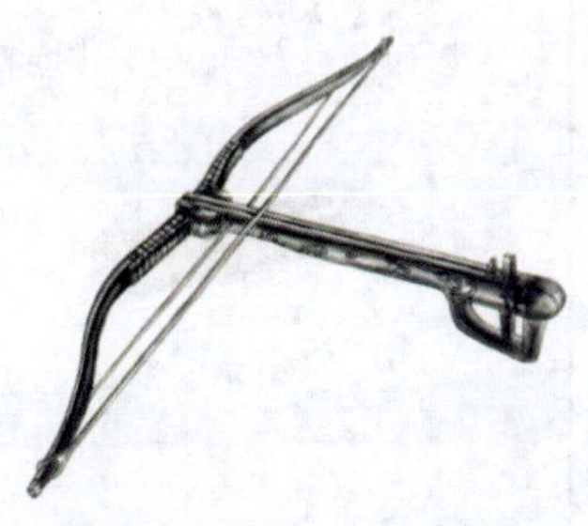

二、讲一讲

（一）弓弩的组成

弓弩由扳机、牙扣、弦、弩臂、弩箭、弩机等部分组成。

（二）箭在发射过程中受到的力

箭射出前：手拉弓，箭只受重力。

箭射出时：手放开，箭受到一个冲量，沿着箭的方向使得箭瞬间获得速度。在这个瞬间，弓给箭的力是沿着箭的方向变化的，此过程一直有重力。

箭射出后：箭靠惯性向前运动，只受重力。

（三）能量守恒原理

能量守恒原理可以表述为：一个系统的总能量的改变只能等于传入或者传出该系统的能量的多少。总能量为系统的机械能、热能及除热能以外的任何内能形式的总和。

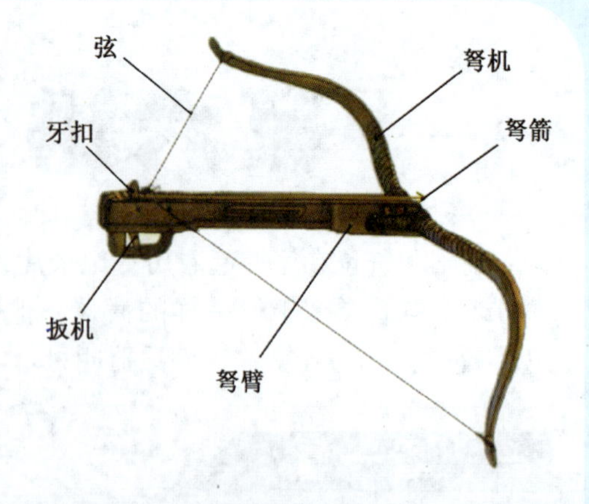

同学们，让我们自己动手，用积木制作一把弓弩吧！

三、做一做

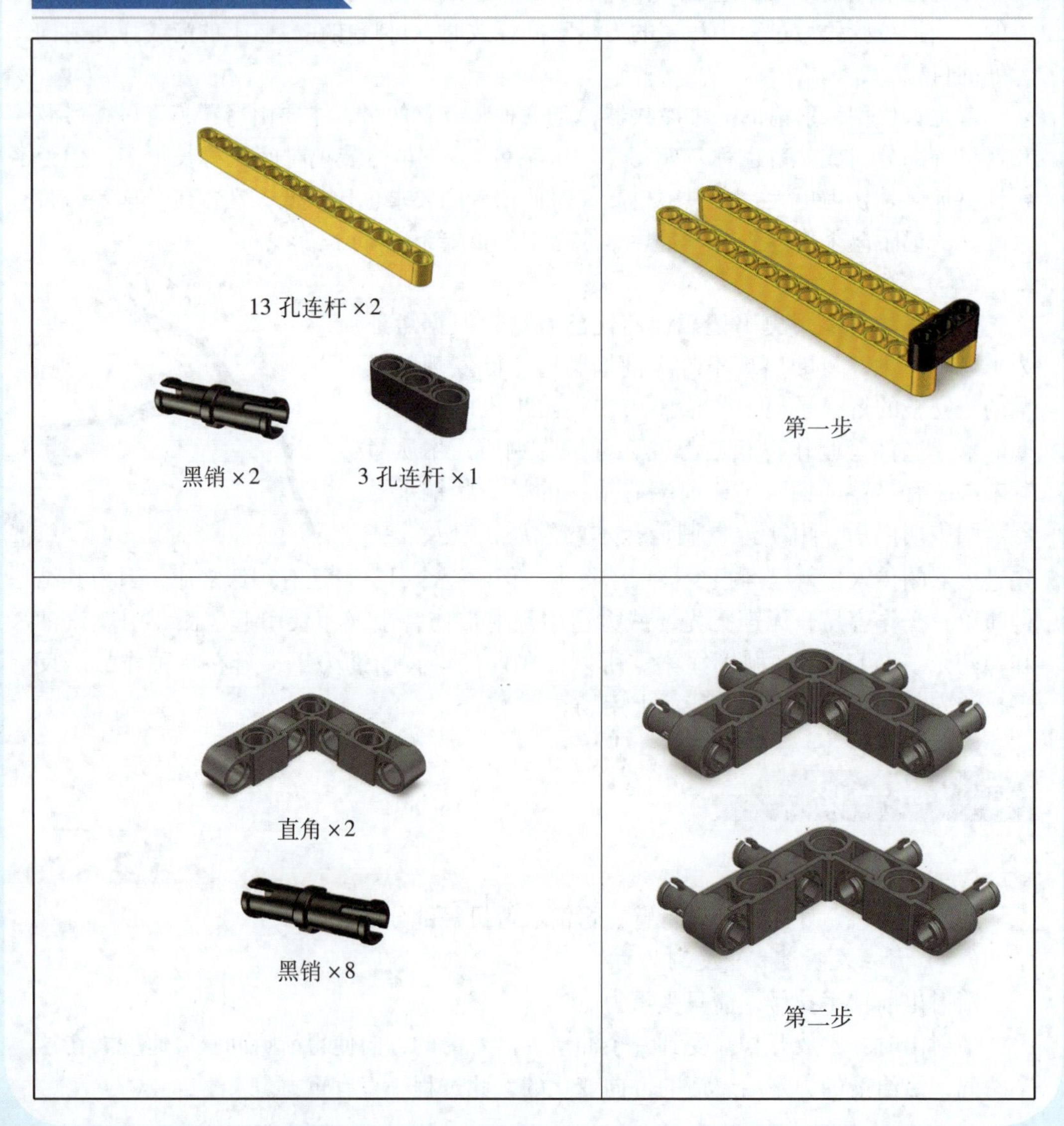

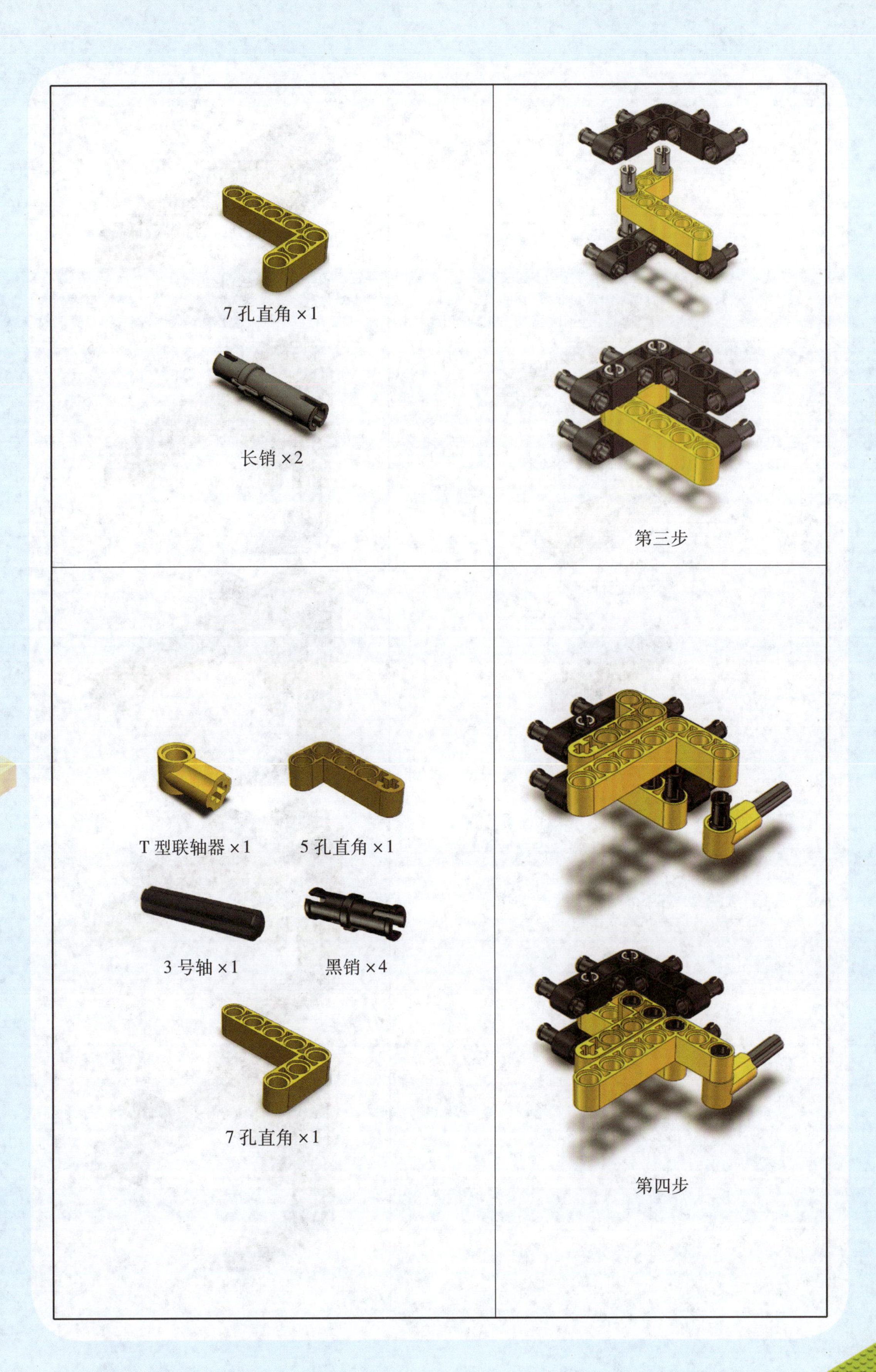
7 孔直角 ×1
长销 ×2
第三步
T 型联轴器 ×1
5 孔直角 ×1
3 号轴 ×1
黑销 ×4
7 孔直角 ×1
第四步

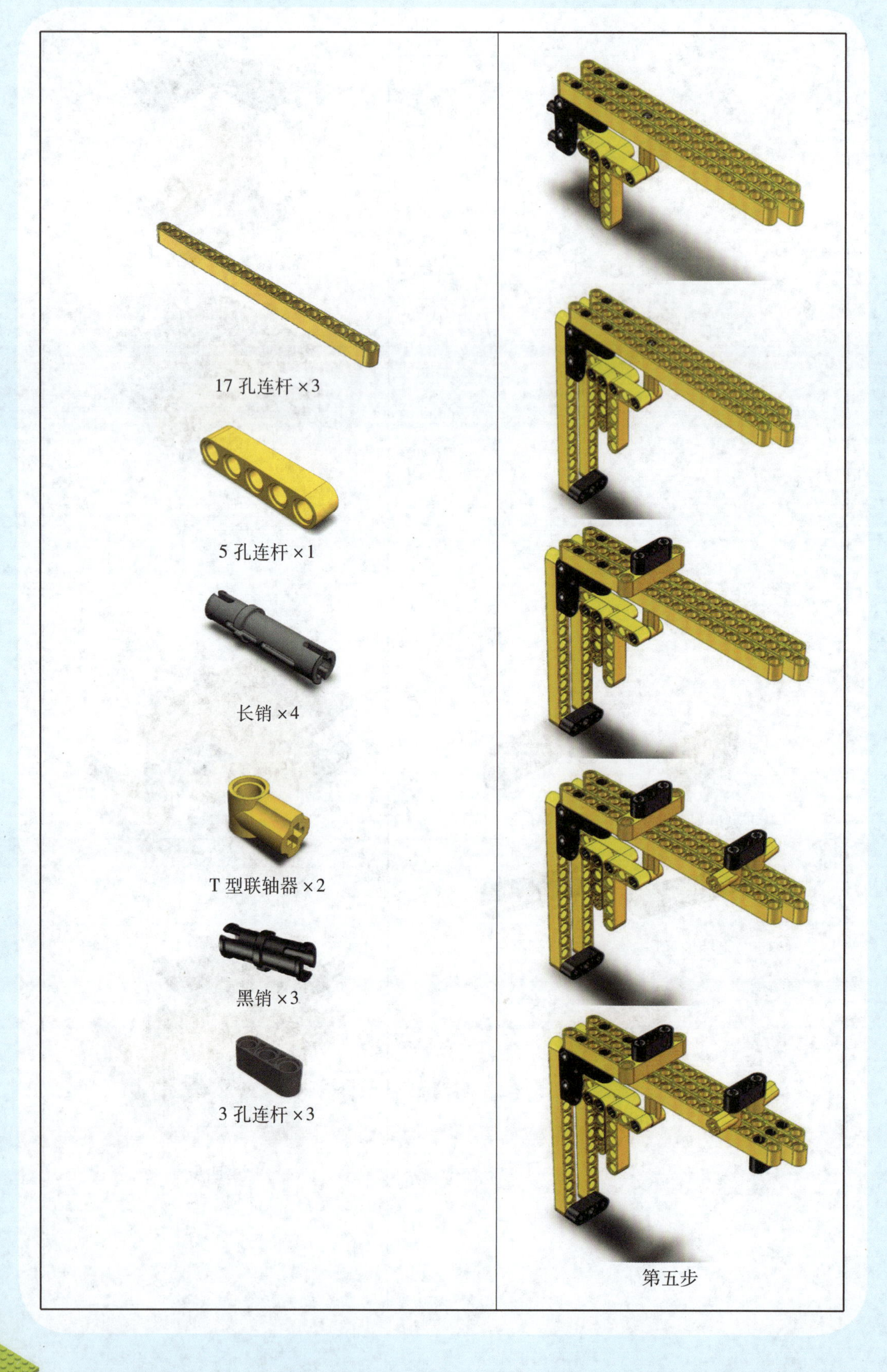
17 孔连杆 ×3
5 孔连杆 ×1
长销 ×4
T 型联轴器 ×2
黑销 ×3
3 孔连杆 ×3
第五步

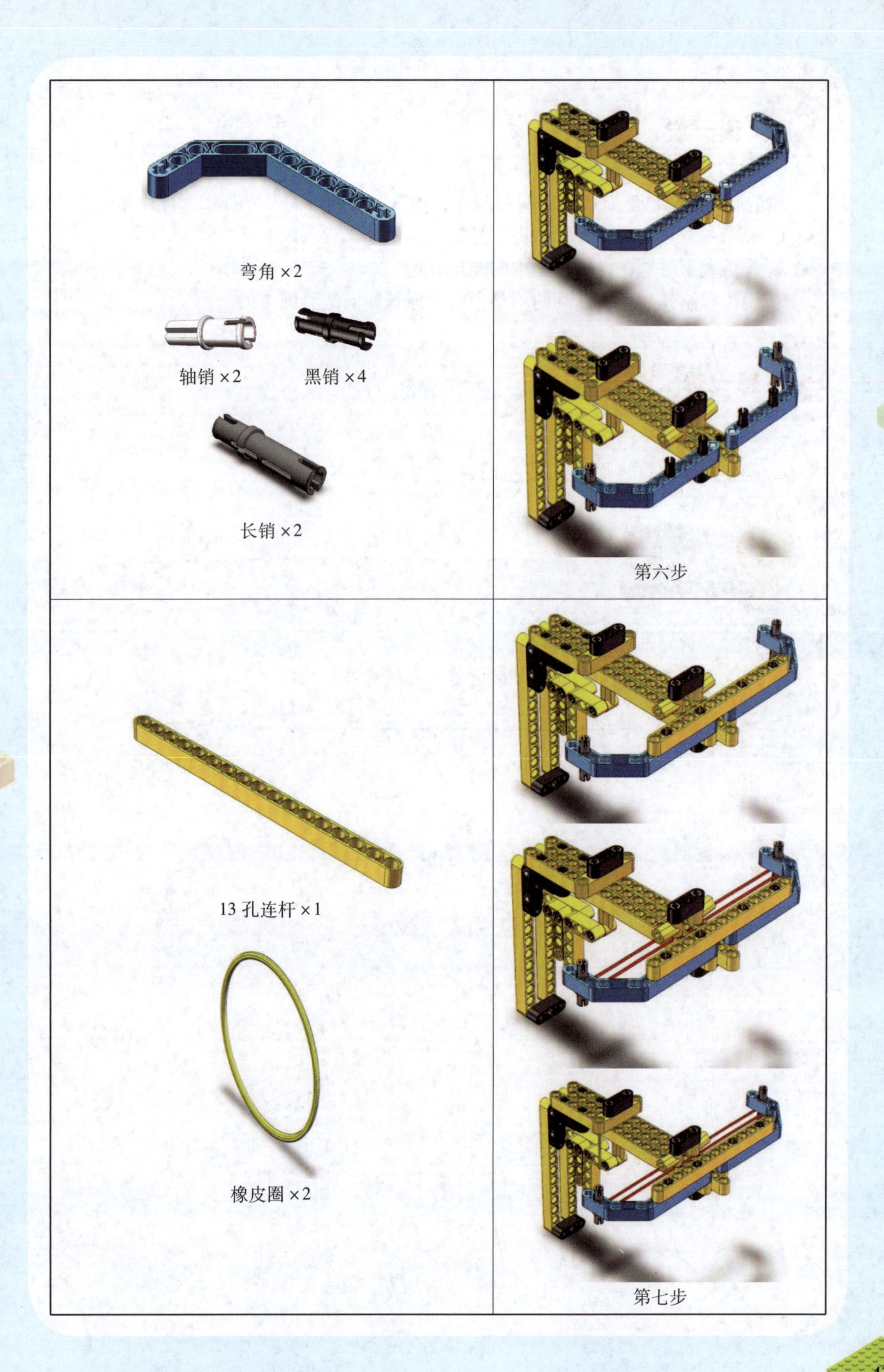
弯角 ×2
轴销 ×2
黑销 ×4
长销 ×2
第六步
13 孔连杆 ×1
橡皮圈 ×2
第七步

相信聪明的你已经完成了弓弩的制作，接下来和同学们一起分享这件作品吧！

1. 展示一下自制的弓弩，讲讲它是怎么工作的。
2. 告诉大家弓弩在发射过程中的能量转化。
3. 说说在制作过程中遇到的困难，以及你是如何战胜困难的。

1. 弓和弩有什么区别？
2. 触发机构都有哪些？原理是什么？

1. 如何增加弓弩的射程？
2. 如何改装才可以让弓弩同时射出多根箭矢？

第七讲　飞轮车

周末，闹闹带着新买的玩具来找牛牛玩。闹闹告诉牛牛这件玩具叫飞轮车，只需要将小车放在地上反复向前推动几次，松开手时，小车就能跑很远的距离。牛牛听了觉得非常的神奇。

同学们，你们知道这是为什么吗？

一、看一看

（一）什么是飞轮车

飞轮车是一种利用飞轮高速运转储存能量，带动轮子向前运动的玩具小车。

（二）什么是飞轮效应

飞轮效应，指为了使静止的飞轮转动起来，必须消耗很大的力。若不断施力，飞轮就会转得越来越快。当达到一个很高的转速后，飞轮所具有的动量矩和动能就会很大，使其短时间内停下来所需的外力也会很大，以至能够克服较大的阻力，维持原有运动。在机械结构中，飞轮效应一般用于通过运动机构中的死点。

二、讲一讲

（一）飞轮车的结构

飞轮车主要由车身、前轮、后轮、齿轮组、飞轮等部分组成。

（二）飞轮车的工作原理

在飞轮车中，前轮与齿轮 1 同轴固定连接，齿轮 1 与齿轮 2 啮合连接，齿轮 2 又与齿轮 3 啮合连接，齿轮 3 与飞轮同轴固定连接。将小车放在地上，用力向前推动小车，前轮与齿轮 1 随之转动，齿轮 1 带动齿轮 2 旋转，齿轮 2 带动齿轮 3 加速旋转，使飞轮旋转储存能量。当达到一定速度后，松开小车，小车便会向前移动。

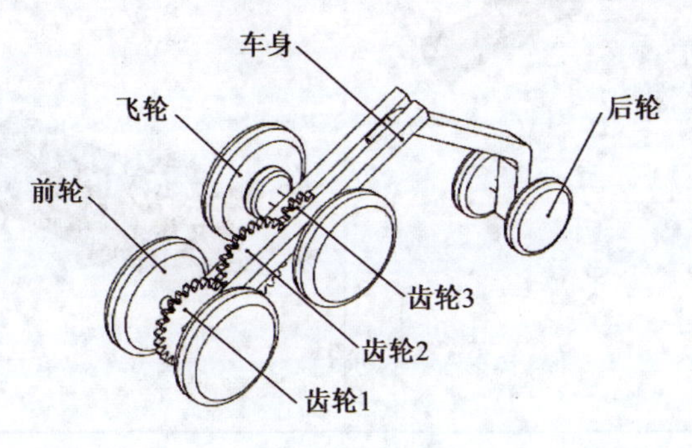

同学们，让我们自己动手，用积木制作一辆飞轮车吧！

三、做一做

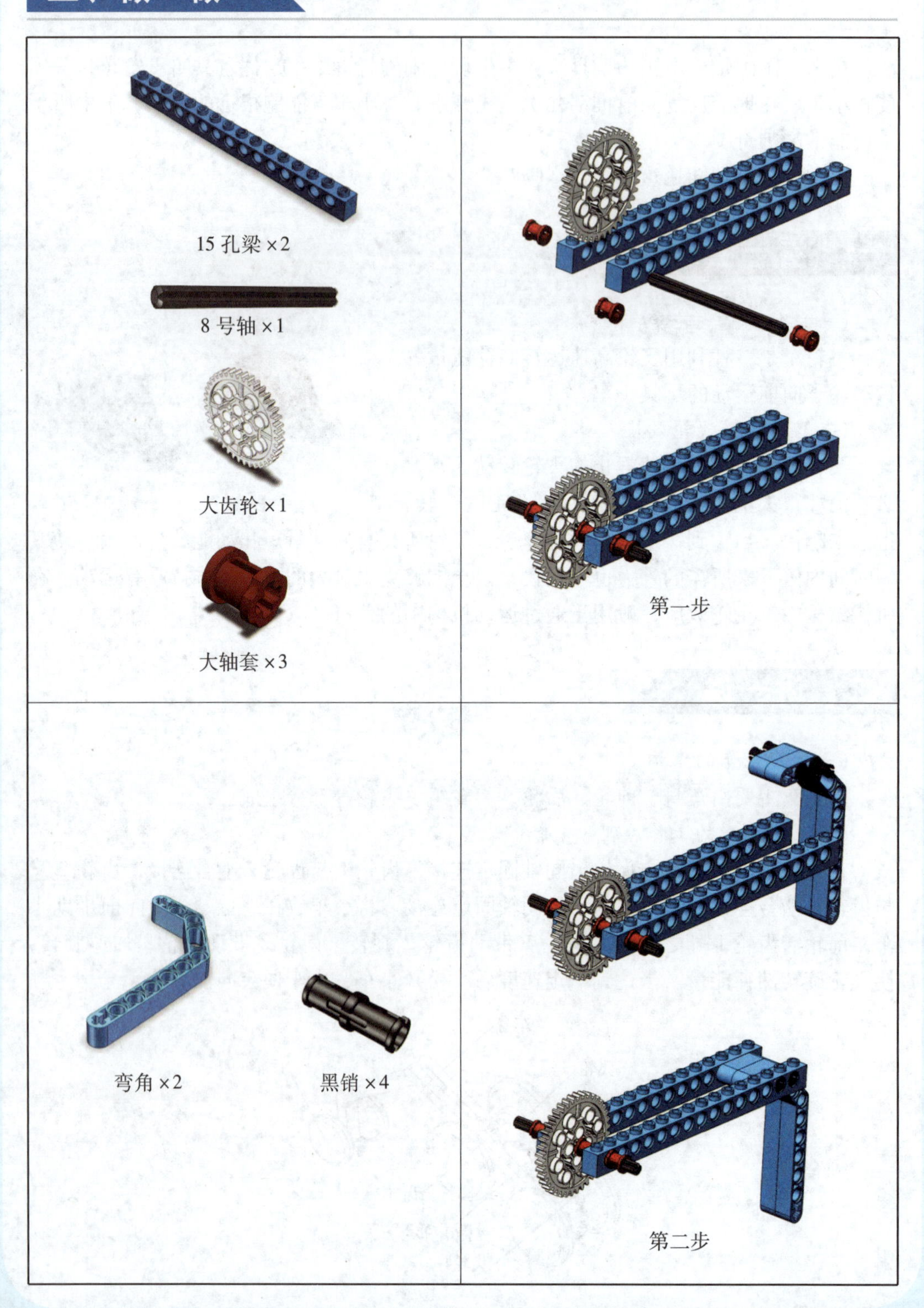

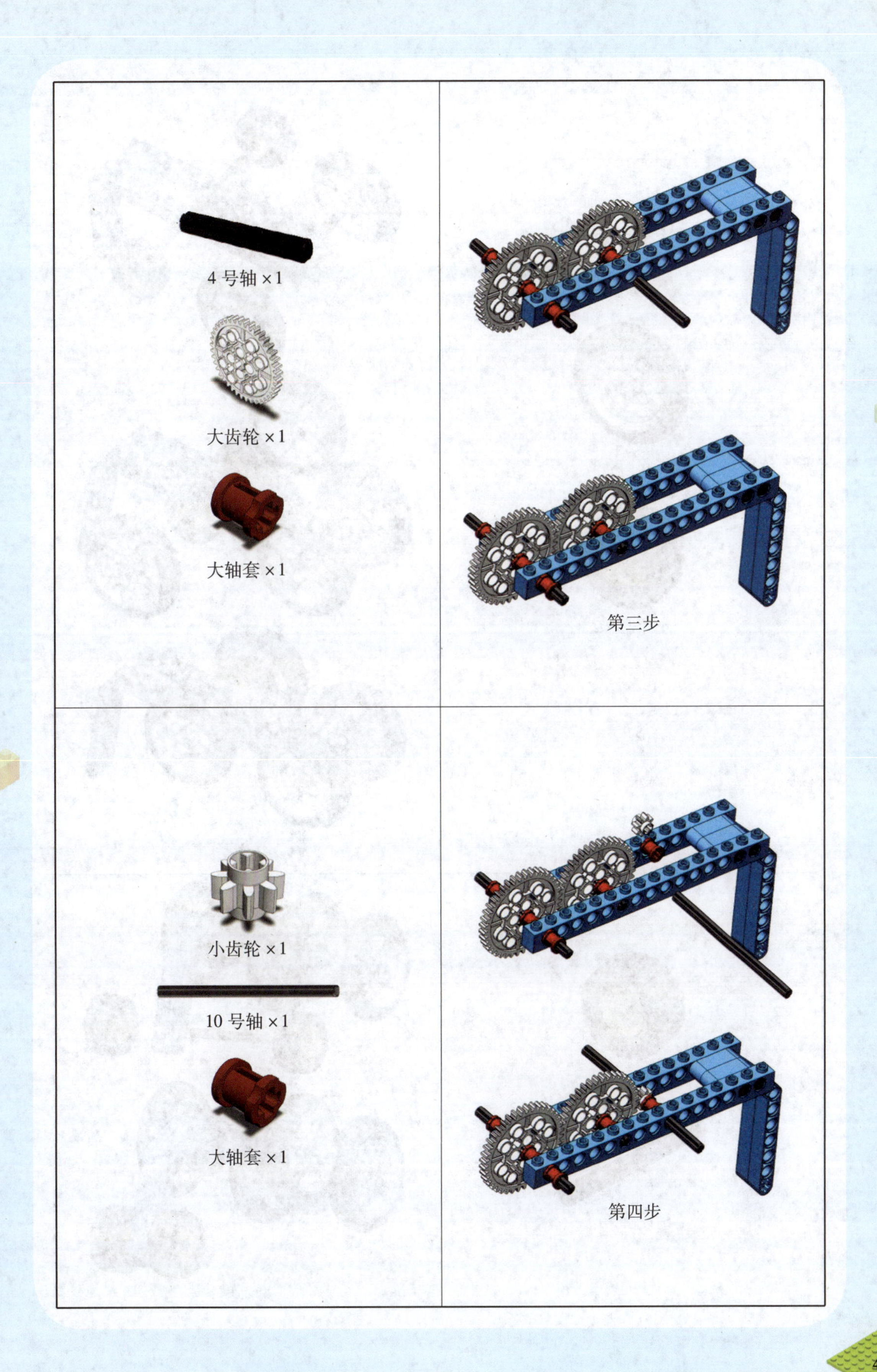
4 号轴 ×1
大齿轮 ×1
大轴套 ×1
第三步
小齿轮 ×1
10 号轴 ×1
大轴套 ×1
第四步

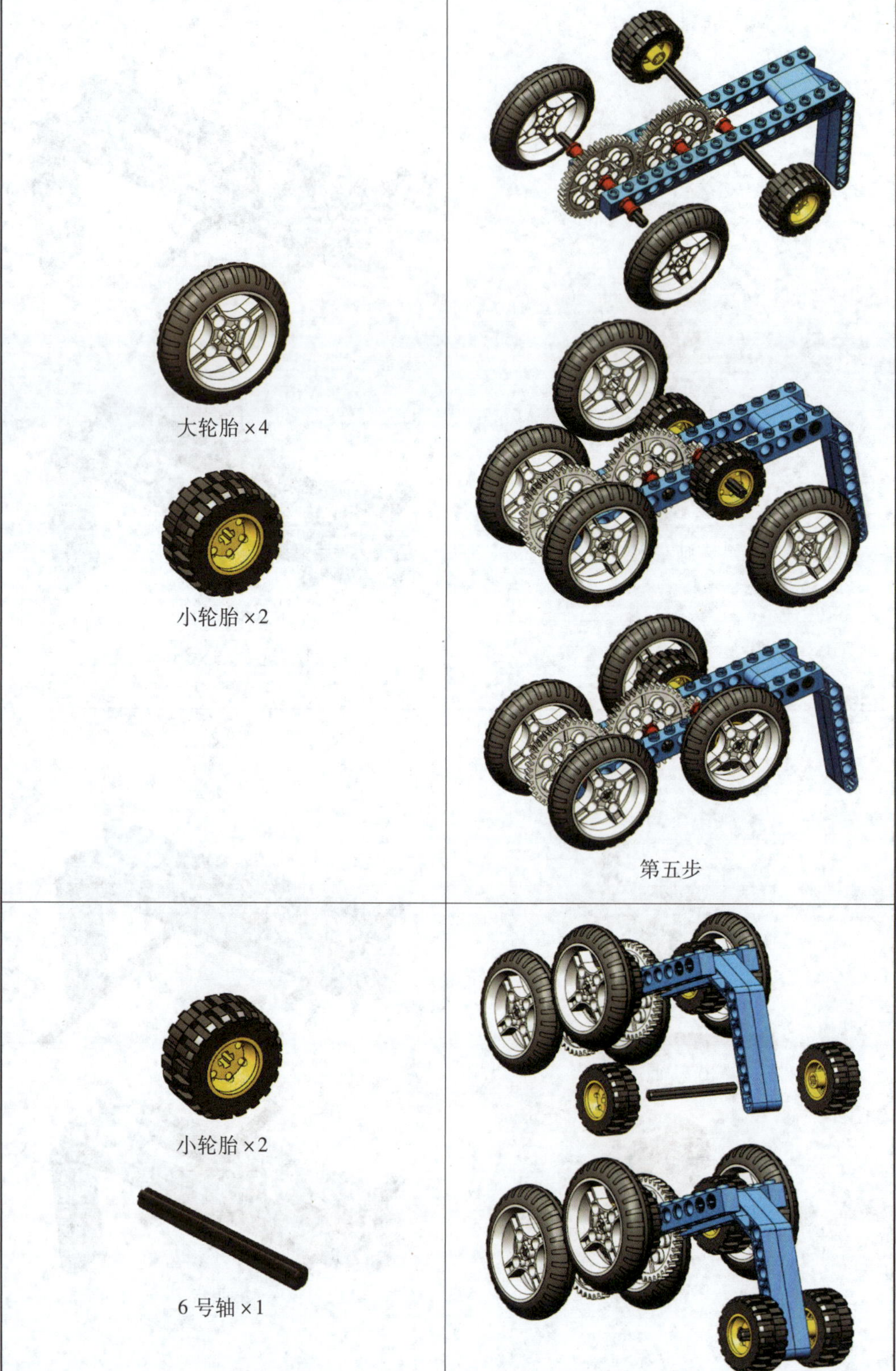
大轮胎 ×4
小轮胎 ×2
第五步
小轮胎 ×2
6 号轴 ×1
第六步

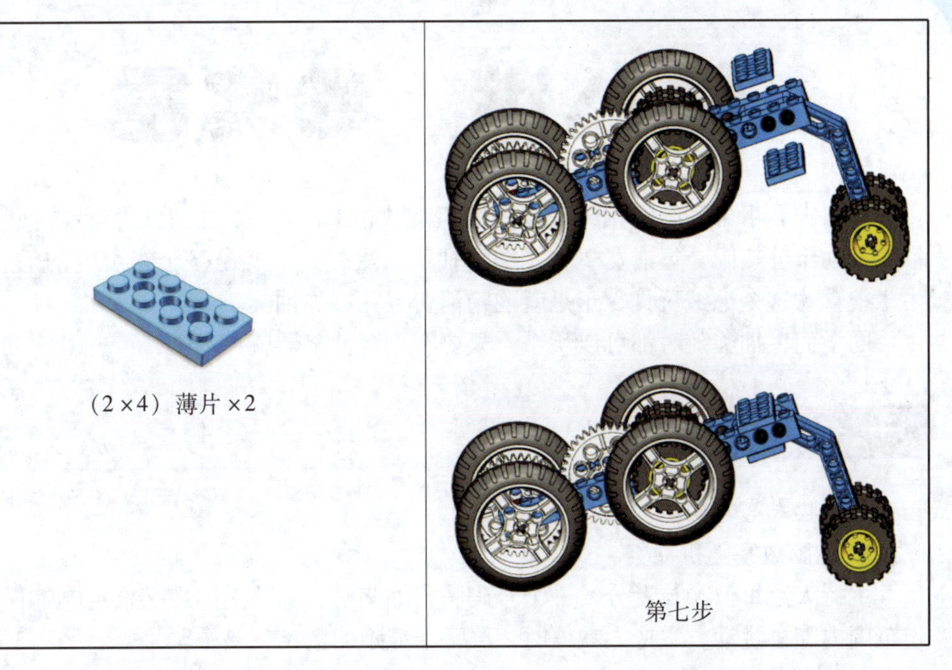

第七步

相信聪明的你已经完成了飞轮车的制作，接下来和同学们一起分享这件作品吧！

1. 展示一下自制的飞轮车，讲讲它是怎么工作的。
2. 告诉大家飞轮的工作原理。
3. 说说在制作过程中遇到的困难，以及你是如何战胜困难的。

1. 生活中还有哪些地方会运用到飞轮？
2. 如果将加速齿轮组换成减速齿轮组，小车效果还是一样的吗？

1. 如何改装飞轮车才能使它正反都能跑？
2. 如何改变齿轮组才能让飞轮小车跑得更远？

第八讲　抽奖器

周末啦，牛牛和闹闹相约一起去逛超市。超市门口的广场上正举行着抽奖仪式，抽奖活动十分热闹，每消费200元即可抽奖一次，一等奖是一个很可爱的毛绒玩具。牛牛很喜欢这个毛绒玩具，于是就购物消费，并参加抽奖。

同学们，抽奖随时都可以玩哦，只要有一台抽奖器就可以啦！

一、看一看

抽奖模式有哪些

1. 电脑数字随机抽奖。

主持人给每位参与者分发一个号码牌，抽奖时，屏幕上的数字根据电脑程序在限定范围内随机跳动。主持人喊停时，屏幕上显示的数字就是中奖号码。

2. 现场拨打电话号码。

主持人通过电视直播，在大屏上显示拨打的互动电话。当主持人说开始时，谁先打进该号码，谁就获奖。

3. 砸金蛋。

事先在金蛋里面放置奖品礼券，到抽奖环节时，参加者挑选金蛋，然后砸碎，根据金蛋里的礼券兑换礼品。

4. 凳子下面寻宝。

会场布置人员事先在凳子下面粘贴好装入奖品券的信封，主持人在抽奖环节公布具体位置，坐到有信封的凳子的人员可以凭奖品券兑换奖品。

5. 微信摇一摇。

参与者先用微信扫描屏幕上的二维码，加入摇一摇活动。抽奖开始时，不停地摇动手机，当主持人喊停止时，屏幕上会显示参加摇一摇活动中奖的微信号及头像，参与者可据此领取奖品。

6. 摇奖机摇奖。

抽奖前，主持人给每位参与者分发一个号码牌。抽奖时，主持人开启摇奖机摇奖，从摇奖机中滚出的号码即为中奖号码，可以按规定领取奖品。

其实，抽奖模式有很多，如飞镖、福利彩票机、转盘抽奖、摘红包、捞金、藏宝图等等。

二、讲一讲

（一）抽奖器的工作原理

转轴与电机固定连接，凸轮1、凸轮2、凸轮3周向分别相差90度，固定连接于转轴的 3 个位置。当电机转动时，带动转轴旋转，3 个凸轮随转轴旋转，每转一圈顶起一次相应位置的奖盘。当电机停止转动时，突起在外的奖盘便是抽出的奖项。

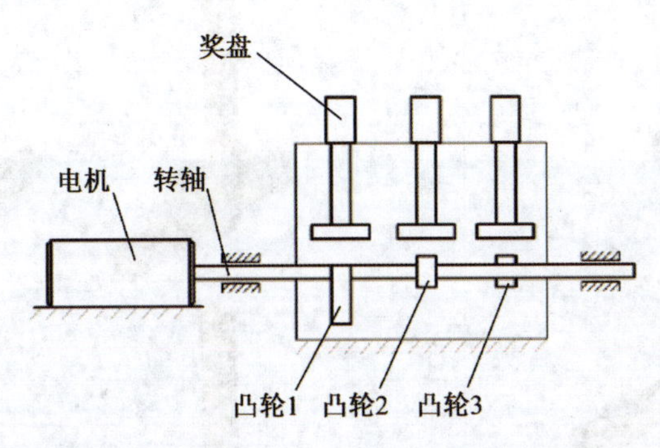

（二）什么是凸轮

凸轮，是机械的回转或滑动件，它把运动传递给紧靠其边缘移动的滚轮或在槽面上自由运动的针杆，或者它从这样的滚轮和针杆中承受力。一般情况下，它是由凸轮、从动件和机架三个构件组成的高副机构。

（三）凸轮的作用

凸轮的主要作用，是使从动杆按照工作要求完成各种复杂的运动，包括直线运动、摆动、等速运动和不等速运动等。

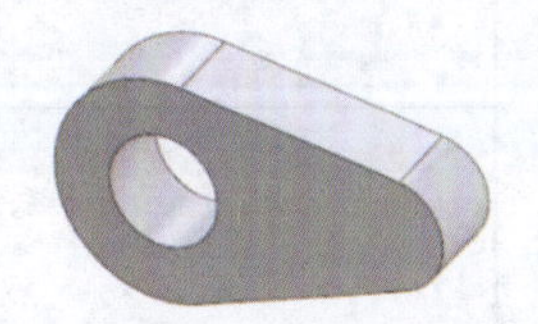

同学们，抽奖很刺激，让我们自己动手，用积木制作一台抽奖机吧！

三、做一做

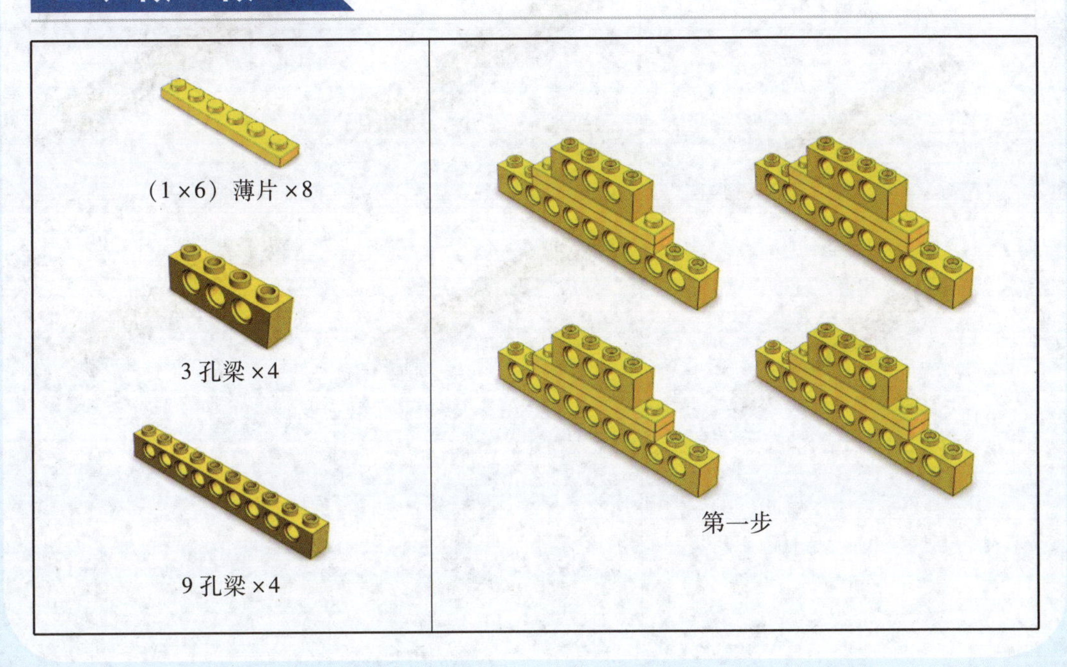

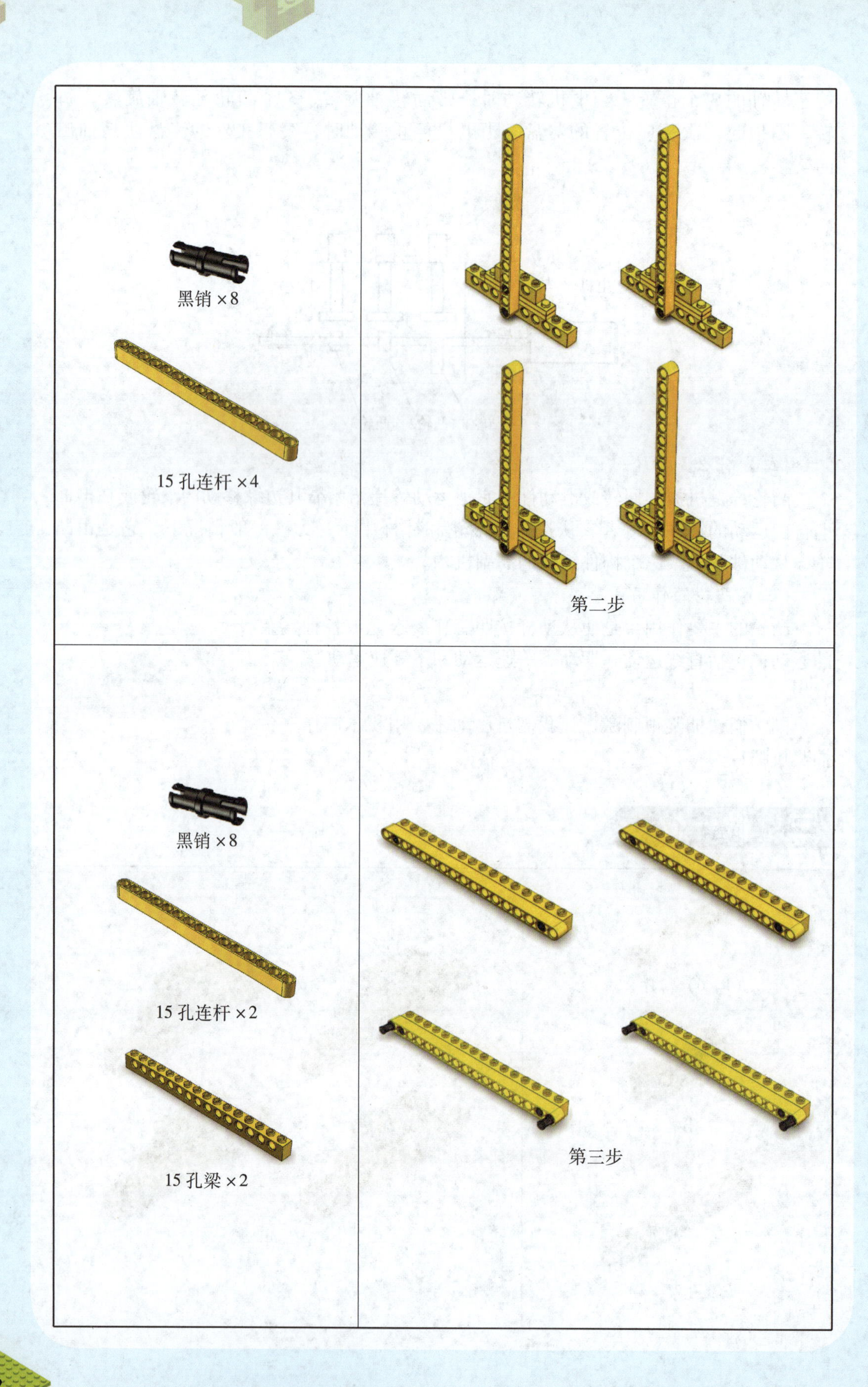
黑销 ×8
15 孔连杆 ×4
第二步
黑销 ×8
15 孔连杆 ×2
15 孔梁 ×2
第三步

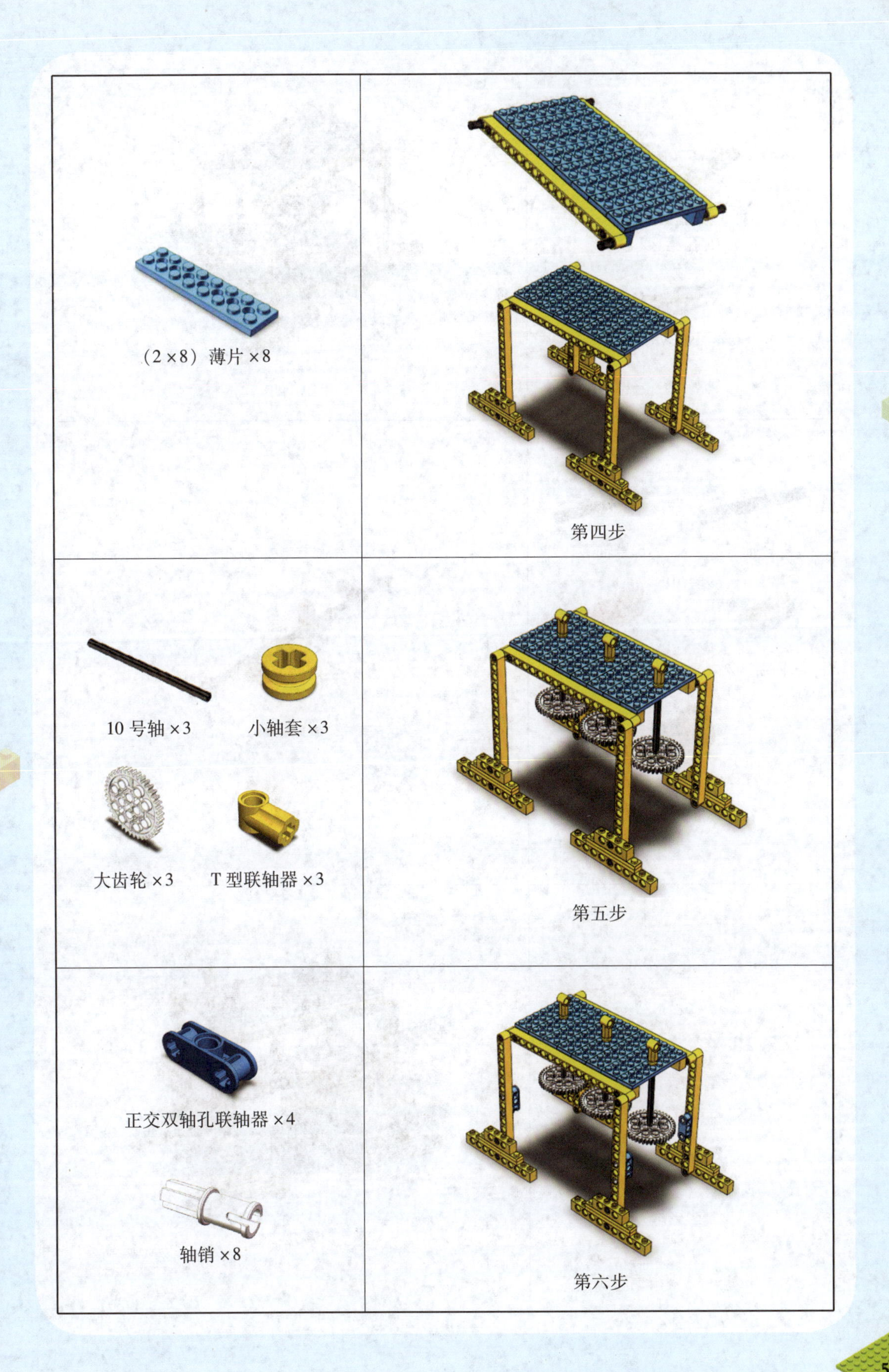
(2×8) 薄片×8
第四步
10 号轴×3
小轴套×3
大齿轮×3
T 型联轴器×3
第五步
正交双轴孔联轴器×4
轴销×8
第六步

15 孔梁 ×2
黑销 ×4
第七步
8 号轴 ×2
6 号轴 ×1
联轴器 ×2
正交联轴器 ×3
大轴套 ×2
第八步
马达 ×1
黑销 ×2
第九步

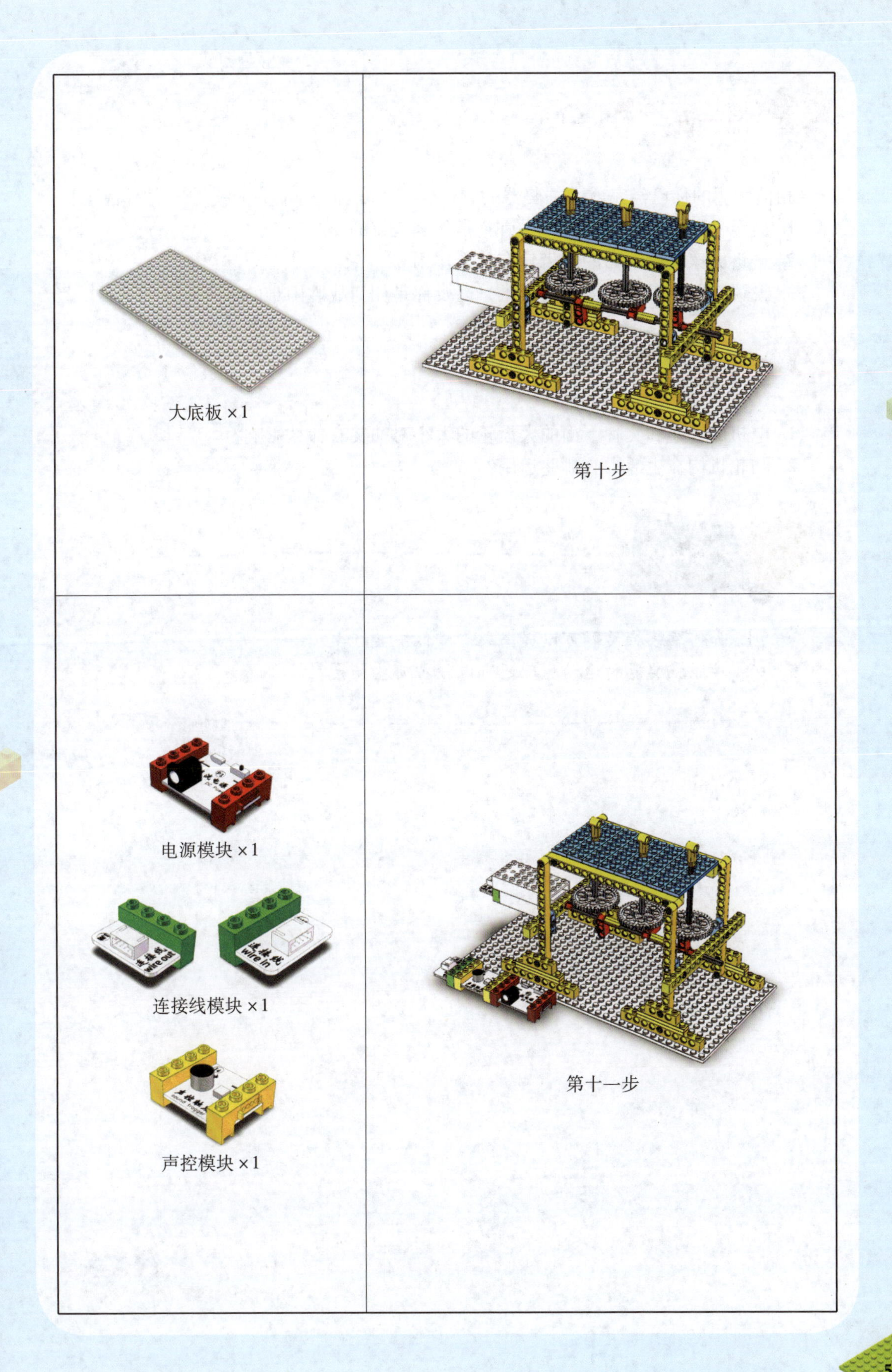
大底板 ×1
第十步
电源模块 ×1
连接线模块 ×1
声控模块 ×1
第十一步

相信聪明的你已经完成了抽奖器的制作，接下来和同学们一起分享这件作品吧！

1. 展示一下自制的抽奖器，讲讲它是怎么工作的。
2. 告诉大家奖牌下面的大齿轮有什么作用。
3. 说说在制作过程中遇到的困难，以及你是如何战胜困难的。

1. 电机的转速和奖牌下面的大齿轮的大小对抽奖有什么影响？
2. 凸轮机构在生活中有哪些运用？

1. 如何改装抽奖器可以提高或者降低中奖概率？
2. 按照抽奖器的运动原理还可以模拟哪些场景？

第九讲 跳舞的鸟

一天，爷爷带着闹闹去花鸟市场遛弯。闹闹看着那些笼中的小鸟，翅膀五彩斑斓，叽叽喳喳叫得好热闹。闹闹就想要买一只带回家，爷爷说："你看这些小鸟，本应该在天空中自由飞翔，却被限制在笼子里，太残忍了。我们可以远远地欣赏它们的美丽，为什么一定要把它们买回家呢?"闹闹低头想了一会儿，觉得爷爷说得很对，于是就放弃了买小鸟的想法，可是心里还是有些难受。爷爷神秘地说："其实，你想要一只会跳舞的小鸟，也不是没有其他的办法。"闹闹顿时来了兴趣。

同学们，我们其实可以动手做一只会跳舞的机械小鸟，快来和爷爷、闹闹一起做吧！

一、看一看

（一）鸟儿为什么会飞

1. 鸟的身体呈流线形，在飞行时受到的阻力小。

2. 鸟有轻而温暖的羽毛。两翅上下扇动时，会产生巨大的下压力，能帮助鸟儿快速向前飞。

3. 鸟的骨骼很轻，有利于飞行。

4. 鸟类的肺连着一些气囊，保证了体内有足够的氧气。此外，鸟类没有膀胱，直肠也短，不能贮存粪便和尿，减轻了鸟的重量。

总之，从鸟的身体结构看，翅膀、骨骼、排泄等构造，都能减轻体重、增强飞翔的能力。

（二）鸟类的起源与进化

鸟类可能是由侏罗纪近鸟类动物进化而来的。最早的鸟类与恐龙中的恐爪龙有明显的相似性。到白垩纪时，其身体得到了很大的进化，自新生代开始，已与现代鸟类在结构上没有明显差别了。可以推测，大约在2亿年前，旧大陆的一支古爬行类动物进化成了鸟类，并逐渐繁盛扩展到了新大陆。

二、讲一讲

（一）机械小鸟的构造

跳舞的鸟由电机、带轮组、齿轮组、舞台等部件组成。

（二）机械小鸟的工作原理

电机转动时，带动带轮 1 转动，齿轮 1 与带轮 1 同轴转动，齿轮 1 与齿轮 2 啮合，带动舞台 1 旋转，随之小鸟转动。带轮 1 通过皮带传动，带动带轮 2 转动，齿轮 3与带轮 2 同轴转动，齿轮 3 与齿轮 4 啮合，带动舞台 2 旋转，随之小鸟转动。

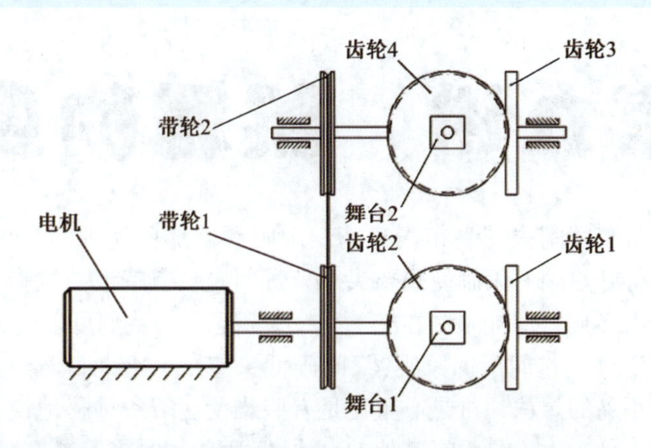

同学们，让我们自己动手，用积木制作一只会跳舞的小鸟吧！

三、做一做

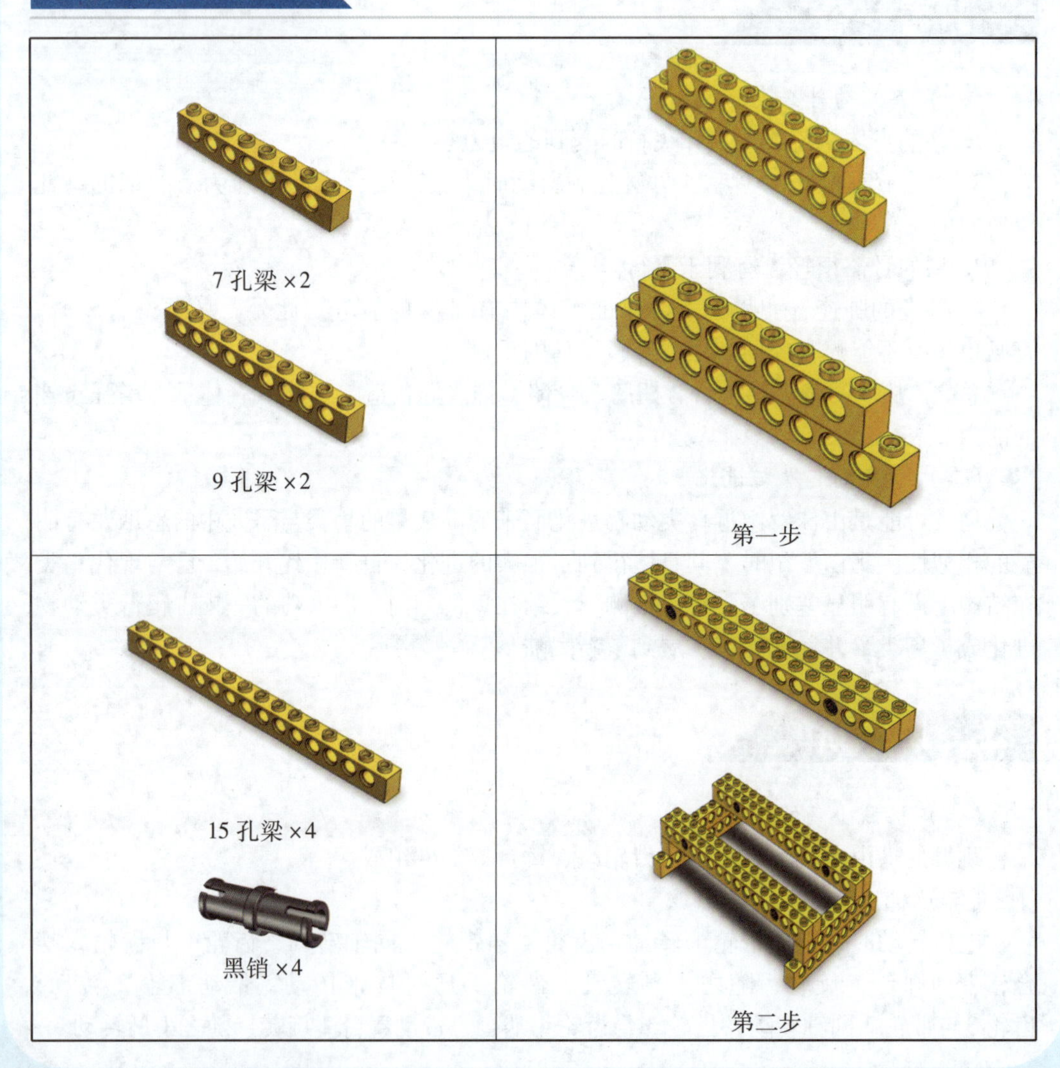

第一步

第二步

10 号轴 ×2
小轴套 ×4
第三步
12 号轴 ×2
中齿轮 ×2
滑轮 ×2
第四步

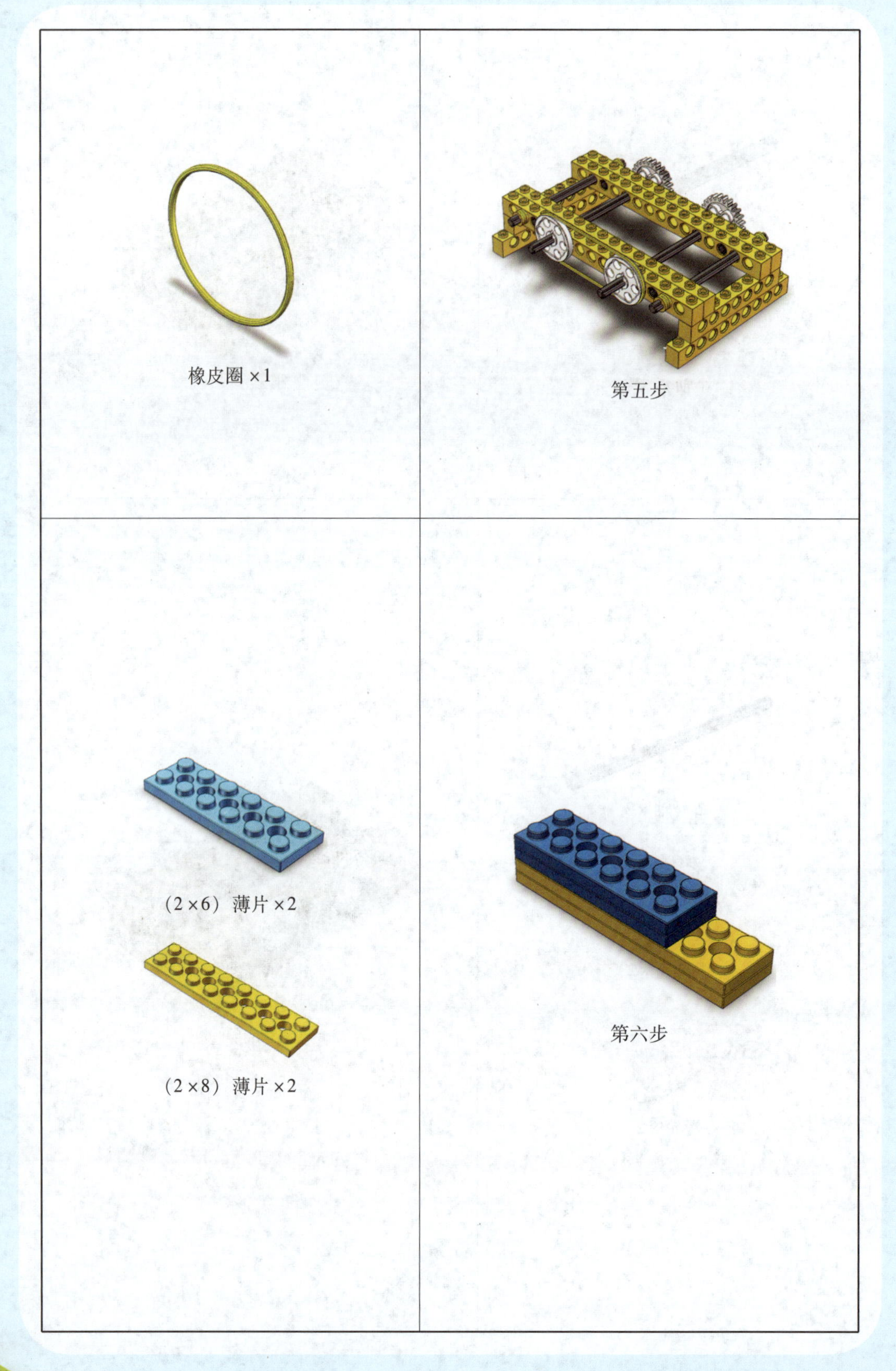
橡皮圈 ×1
第五步
（2 ×6） 薄片 ×2
（2 ×8） 薄片 ×2
第六步

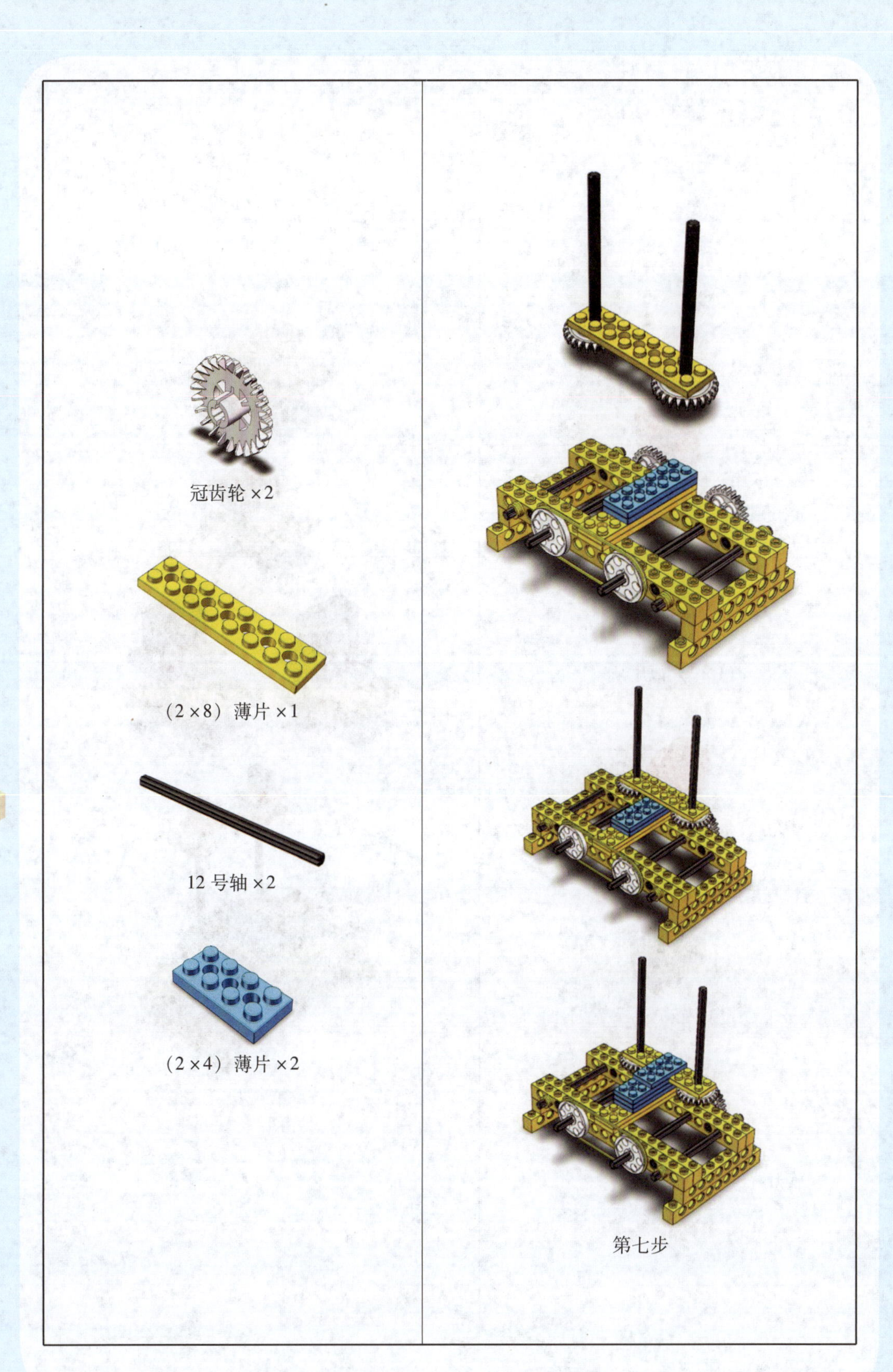

第七步

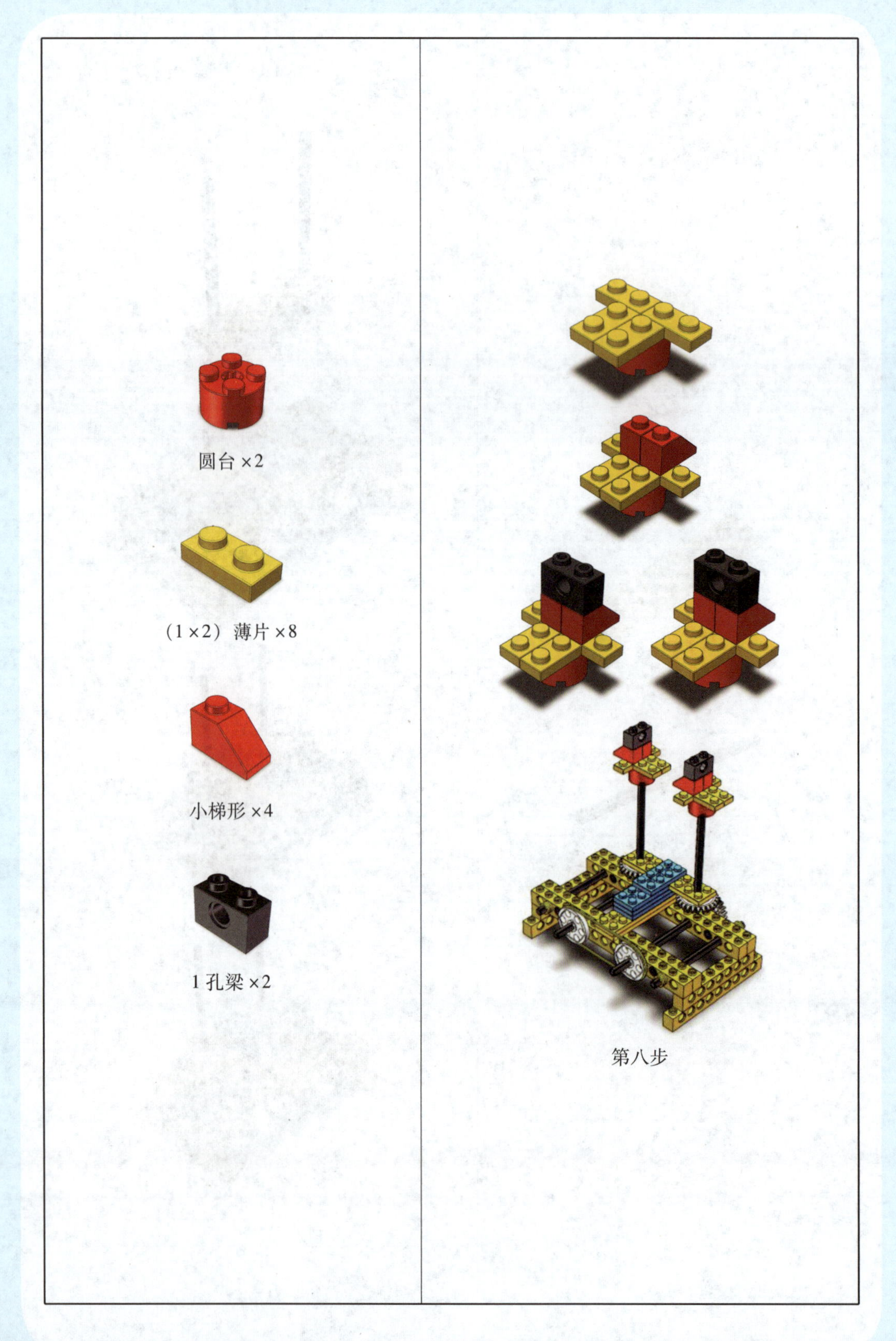
圆台 ×2
（1×2）薄片 ×8
小梯形 ×4
1 孔梁 ×2
第八步

马达×1
（2×8）薄片×2
7孔梁×2
第九步
马达驱动模块×1
旋钮电位器×1
wire in
wire out
连接线模块×1
直流电源模块×1
第十步

相信聪明的你已经完成了跳舞小鸟的制作，接下来和同学们一起分享这件作品吧！

1. 展示一下自制的跳舞小鸟，讲讲它是怎么工作的。
2. 告诉大家这个模型里面有哪些传动机构。
3. 说说在制作过程中遇到的困难，以及你是如何战胜困难的。

1. 带轮的皮带有哪些形式，各有什么特点？
2. 根据下表，填写内容。

带传动的传动方式	第一只鸟怎么转		第二只鸟怎么转	
	方向	速度	方向	速度
v 1 2				
v 1 2				
v 1 2				

1. 如何让小鸟在音乐中翩翩起舞？
2. 能否让我们的小鸟上下跳舞？

第十讲　电动跷跷板

在公园里，闹闹和牛牛最爱玩的就是跷跷板了。坐在跷跷板的两端，他俩时高时低，玩得特别开心。牛牛比闹闹轻，但她发现，只要自己坐得靠近跷跷板的最顶端，而闹闹坐得中间一些，她就能够把闹闹轻易地翘起来。

同学们，你们知道这是什么原因吗？

一、看一看

（一）什么是跷跷板

跷跷板是一种儿童游乐设施。它是一块中间装有轴，架在支柱上的狭长木板。玩的时候，两人对坐在木板的两端，轮流用脚蹬地，使一端跷起，另一端下落。

（二）玩跷跷板的安全事项

1. 跷跷板两头只能各坐一人，两人体重需相差不大，且需面对面坐。

2. 玩跷跷板时，需紧紧握住把手，不要试图触摸地面或者两手放空。双脚要放在专门蹬踏的地方 。如果没有脚蹬的地方，那么，双脚需自然垂下，而不能蜷缩在跷跷板的下方，否则跷跷板向下压时，会压住双脚。

3. 当有人正在玩跷跷板时，旁观者需保持距离。禁止把脚伸到翘起的跷跷板下面，也不能站在跷跷板的横梁中间，或者试图爬到正在上下翘动的跷跷板上。

二、讲一讲

（一）电动跷跷板的结构

电动跷跷板主要由电机、曲柄摇杆机构、齿轮组、座椅、杆、支柱等部分组成。

（二）电动跷跷板的工作原理

齿轮 1 与电机同轴固定连接，齿轮 1、齿轮 2、齿轮 3 相互啮合连接，曲柄与齿轮 3 固定连接，连杆与曲柄和摇杆转动连接，摇杆与跷跷板固定连接，并与底座固定连接。当电机转动时，带动齿轮 1 旋转，齿轮 2 和齿轮 3 随之旋转。齿轮 3 转动，带动曲柄摇杆左右摇摆，使得跷跷板两端的座椅上升、下落。

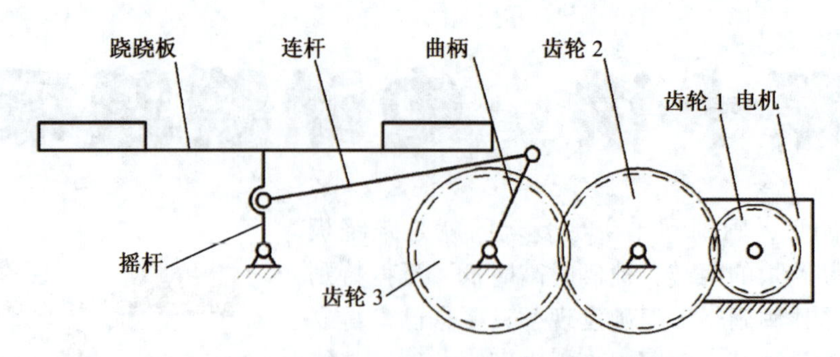

同学们，让我们自己动手，用积木制作一台电动跷跷板吧！

三、做一做

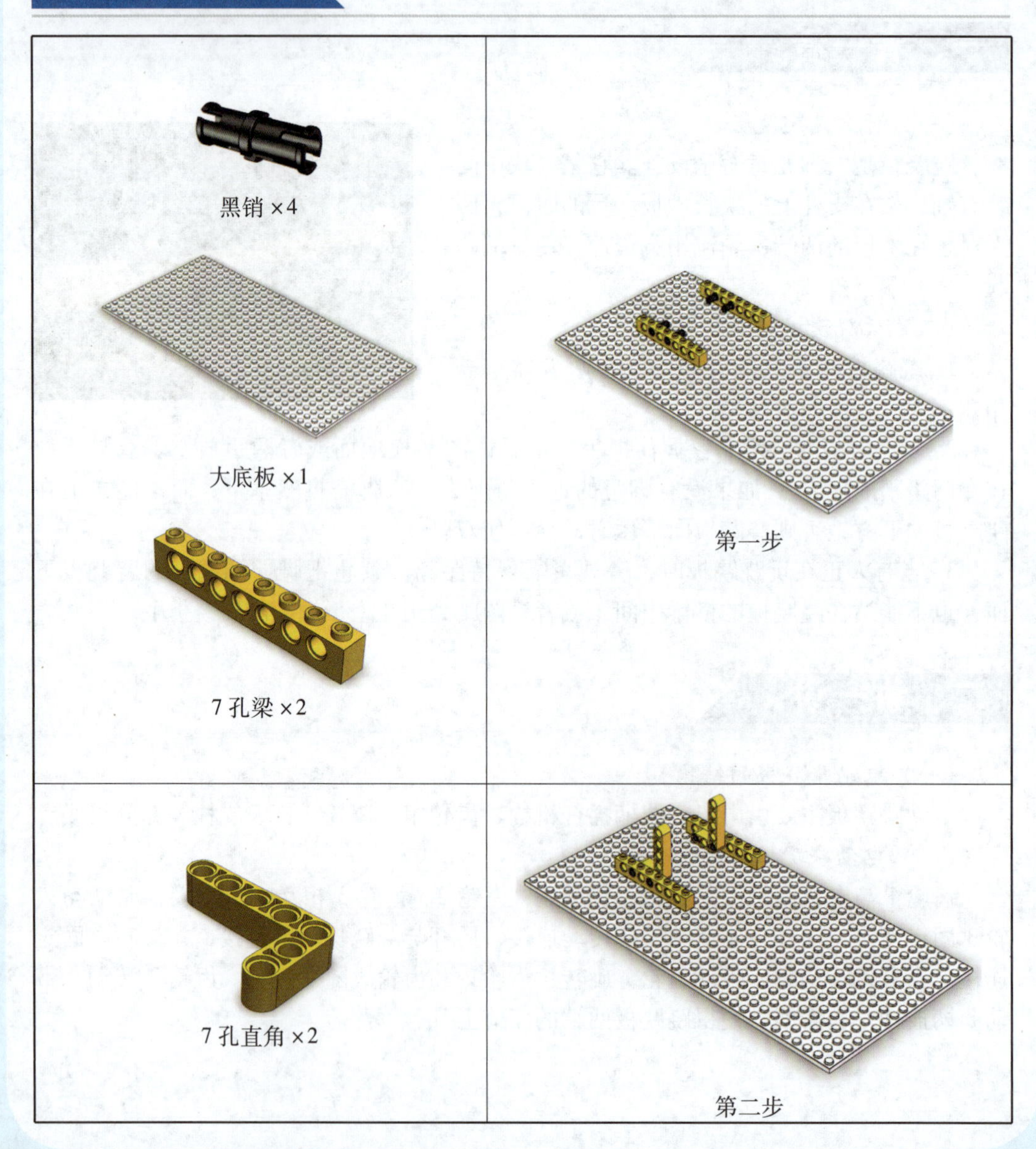

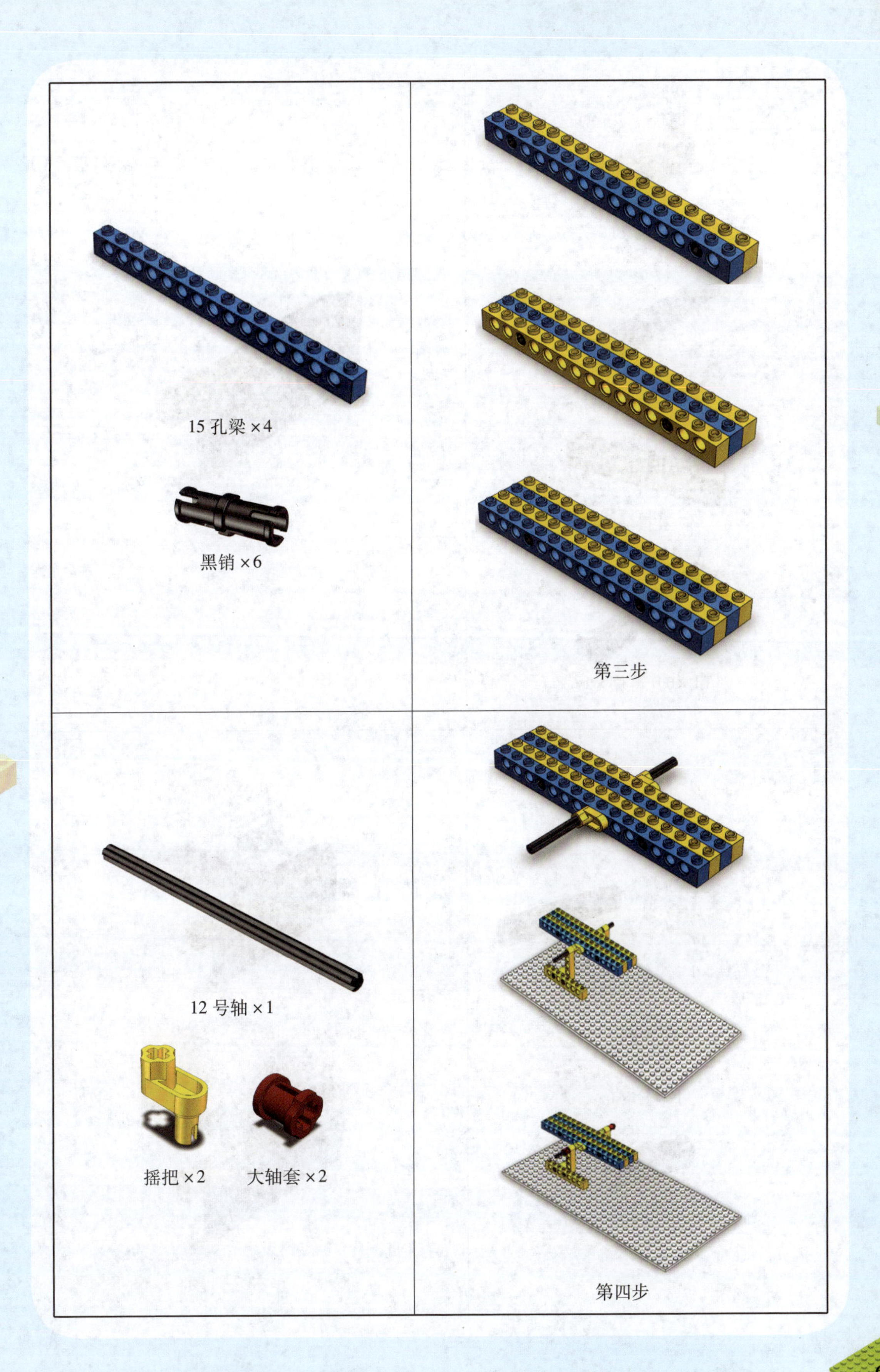
15 孔梁 ×4
黑销 ×6
第三步
12 号轴 ×1
摇把 ×2
大轴套 ×2
第四步

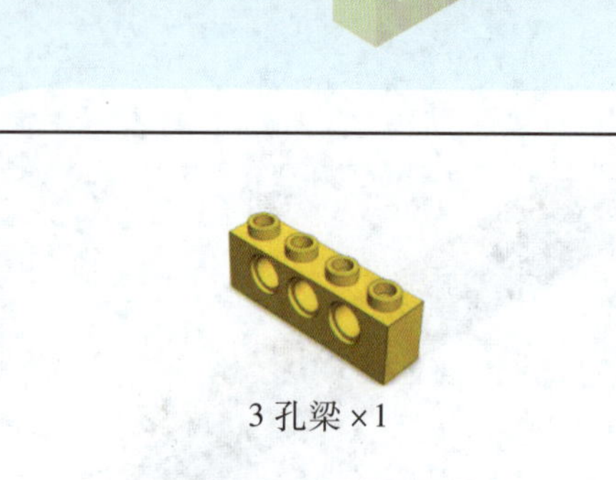

3 孔梁 ×1

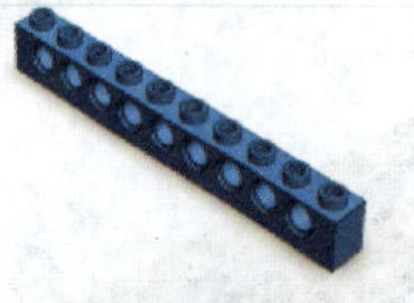

9 孔梁 ×3

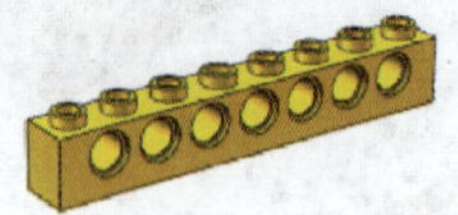

7 孔梁 ×1

（1 ×6）薄片 ×1

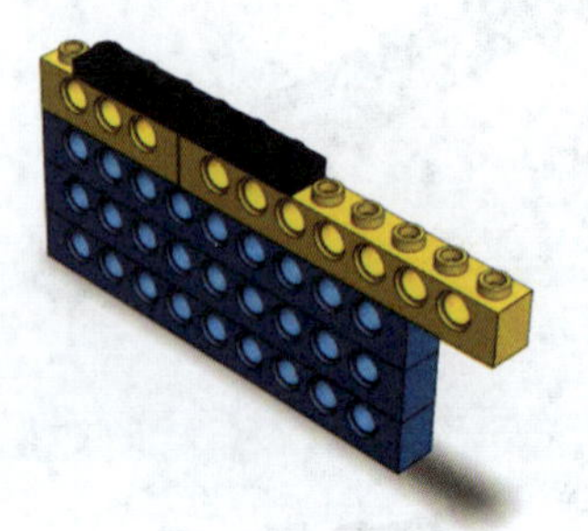

第五步

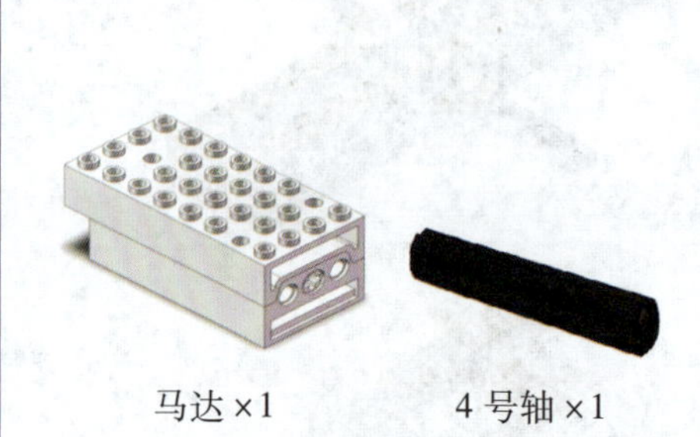

马达 ×1　　4 号轴 ×1

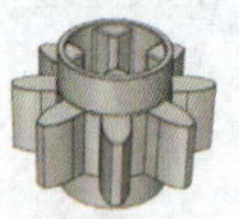

小齿轮 ×1

黑销 ×2

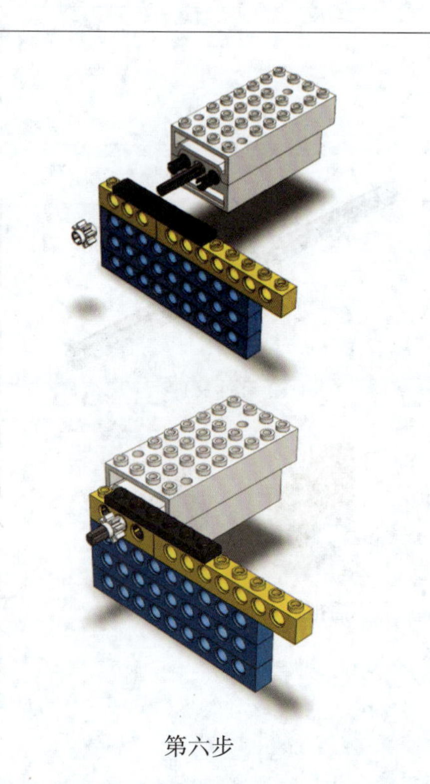

第六步

大齿轮 ×2
3 号轴 ×2
5 孔直角 ×1
大轴套 ×1
第七步
拐角 ×1
白销 ×2
直角 ×4
7 孔连杆 ×1
（1 ×6）薄片 ×2
3 孔梁 ×4
黑销 ×8
第八步

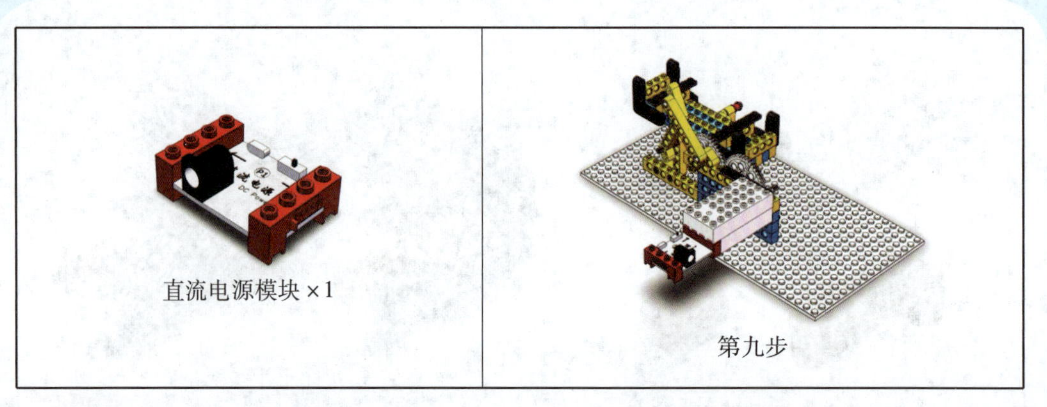

直流电源模块 ×1

第九步

相信聪明的你已经完成了电动跷跷板的制作，接下来和同学们一起分享这件作品吧！

1. 展示一下自制的电动跷跷板，讲讲它是怎么工作的。
2. 告诉大家电动跷跷板和普通跷跷板的不同。
3. 说说在制作过程中遇到的困难，以及你是如何战胜困难的。

1. 生活中有哪些物品与电动跷跷板的工作原理相类似？
2. 电动跷跷板两边座椅上的重量会对跷跷板的上升与下落产生影响吗？

1. 怎样调节电动跷跷板的上升、下落速度？
2. 调整齿轮传动数量，制作一个新的电动跷跷板。

扫一扫，点关注，回复“创意搭建”，查看参考答案

免费线上课程